9天成为建筑工程识图高手

建筑施工图一图一讲

（图解+视频+实例）

主　编　张晓峰　高　健

副主编　臧耀帅　高海静

参　编　张学宏　党紫威　梁　燕

机械工业出版社
CHINA MACHINE PRESS

本书是“9天成为建筑工程识图高手”系列丛书之一，共分为七章，分别为建筑施工图识读基础知识、图样目录与设计总说明的识读、建筑总平面图的识读、建筑平面图的识读、建筑立面图的识读、建筑剖面图的识读、建筑详图（节点大样图、门窗大样图等）的识读。

本书层次分明，内容翔实，语言简练，图文并茂，浅显易懂，可供从事建筑工程设计与施工的工程技术人员使用，也可供相关专业大中专院校师生学习参考。

本书赠送施工图案例绘制相关视频。

图书在版编目（CIP）数据

建筑施工图一图一讲：图解+视频+实例 / 张晓峰，高健主编. -- 北京：机械工业出版社，2024. 10.
（9天成为建筑工程识图高手）. -- ISBN 978-7-111-76983-5

Ⅰ. TU204. 21

中国国家版本馆CIP数据核字第202462JZ97号

机械工业出版社（北京市百万庄大街22号　邮政编码100037）
策划编辑：张　晶　　责任编辑：张　晶　张大勇
责任校对：樊钟英　宋　安　　封面设计：张　静
责任印制：李　昂
北京捷迅佳彩印刷有限公司印刷
2025年1月第1版第1次印刷
184mm×260mm · 8. 75印张 · 204千字
标准书号：ISBN 978-7-111-76983-5
定价：69. 00元

电话服务　　网络服务
客服电话：010-88361066　　机　工　官　网：www. cmpbook. com
010-88379833　　机　工　官　博：weibo. com/cmp1952
010-68326294　　金　　书　　网：www. golden-book. com
封底无防伪标均为盗版
机工教育服务网：www. cmpedu. com

前 言

建筑施工图是工程设计人员科学地表达建筑形体、结构、功能的图语言。如何正确理解设计意图，实现设计目的，把设计蓝图变成实际建筑，前提就在于实施者必须看懂施工图。而且现在建设工程技术发展迅速，建筑物形状千姿百态，施工方法变化万千。所以，在施工图识读方面对从业人员的要求越来越高。

施工图识读是建筑工程设计、施工的基础。施工图是建筑工程施工的依据之一，而且是重中之重。

对于建筑从业人员而言看懂施工图是一项非常重要的专业技能。刚参加工作和工作了很多年但远离施工现场的工程师，乍一看建筑施工图会有点“丈二和尚摸不着头脑”的感觉。其实施工图并不难看懂，难就难在没有耐心和兴致看下去。

为此，我们精心编写了本书，目的就是让从业人员能够快速提高自己的行业技术水平，培养从业人员具备按照国家标准，正确阅读、理解建筑施工图的基本能力，具备理论与实践相结合的能力以及具备对于空间布局的想象能力。

由于建筑工程的千变万化，所以在书中我们提供的看图实例总是有限的，但能起到帮助施工人员掌握施工图样识读的基本知识和具体方法的作用，给读者以初步入门的指引。

本书以新规范为指导，将工程实践与理论知识相结合，循序渐进地介绍了建筑施工图基础知识，识读内容，识读的技巧以及识图过程中可能遇到的问题。通过大量的实例列举，对各类施工图进行讲解，可以使读者接触到大量的工程实例，以便读者快速提高实践中的识图能力。

本书内容包括建筑施工图识读基础知识、图样目录与设计总说明的识读、建筑总平面图的识读、建筑平面图的识读、建筑立面图的识读、建筑剖面图的识读、建筑详图（节点大样图、门窗大样图等）的识读。

本书层次分明、内容翔实、语言简练、图文并茂、浅显易懂，可供从事建筑工程设计与施工的工程技术人员使用，也可供相关专业大中专院校师生学习参考。

最后，编者衷心感谢参与本书编写以及为本书编写提供过帮助的所有朋友。鉴于编者水平有限，书中难免存在不足之处，恳请读者批评指正。

编 者

目 录

第一章

建筑施工图识读基础知识

识读口诀

轴线是基准，编号要相吻
标高要交圈，高低要相等
剖面看位置，详图详索引
如用标准图，引出线标明
要求和做法，快把说明拿
土建和安装，对清洞沟槽
材料和标准，有关图中查
建筑和结构，前后要对照

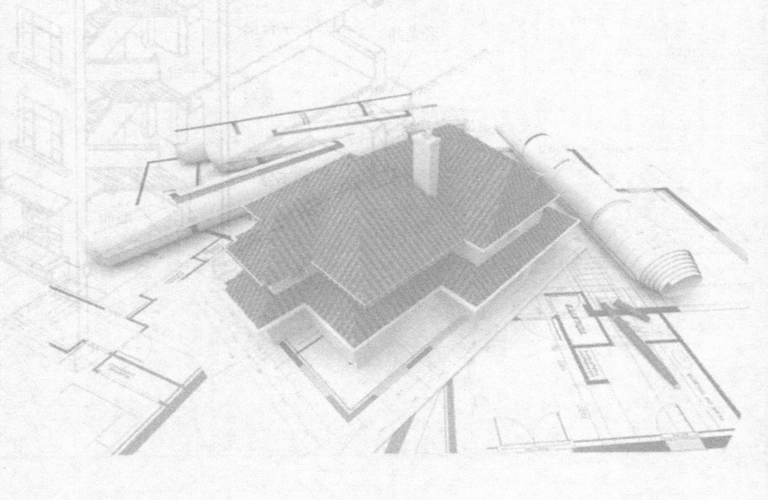

第一节 建筑施工图的组成

建筑施工图是主要表示房屋的总体布局、外部形状、内部布置、内外装修、细部构造、施工要求等情况的图样。它是房屋施工放线、墙体砌筑、门窗安装、室内外装修等工作的主要依据。

建筑施工图一般包括的内容，如图 1-1 所示。

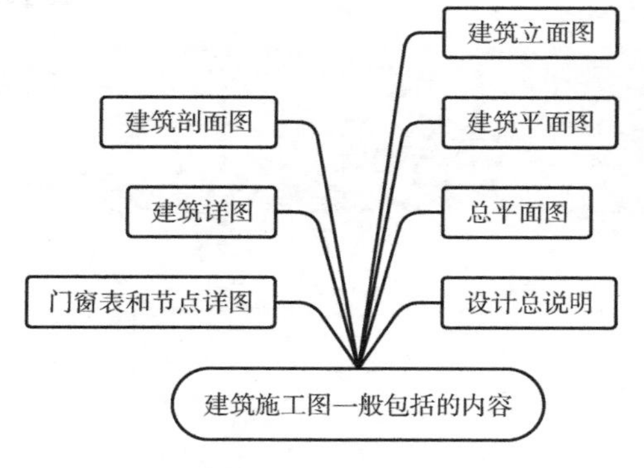

图 1-1 建筑施工图一般包括的内容

知识扩展

建筑构造图，如图 1-2 所示。

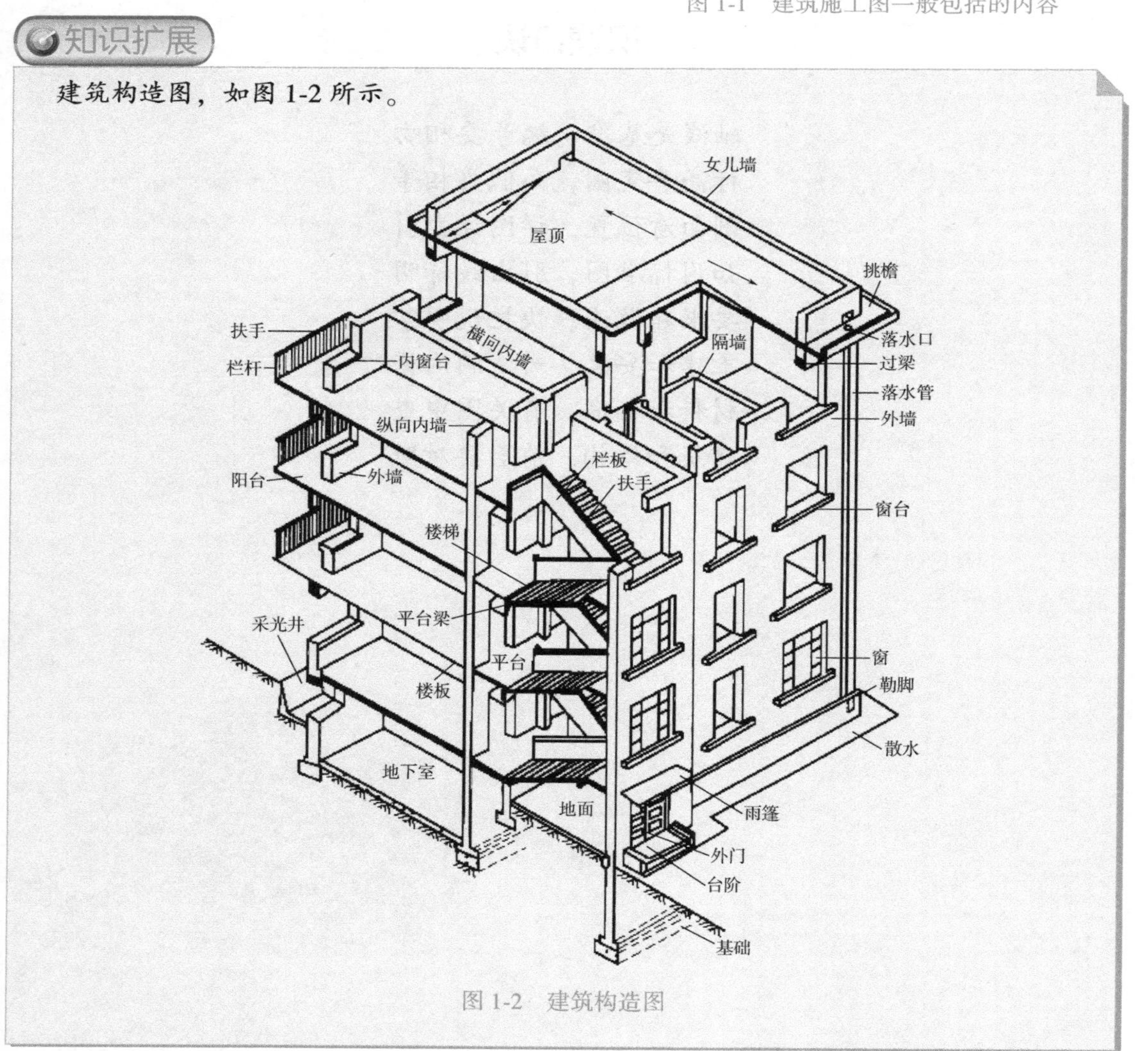

图 1-2 建筑构造图

第二节 建筑施工图识读的步骤

建筑施工图识读的步骤，如图1-3所示。

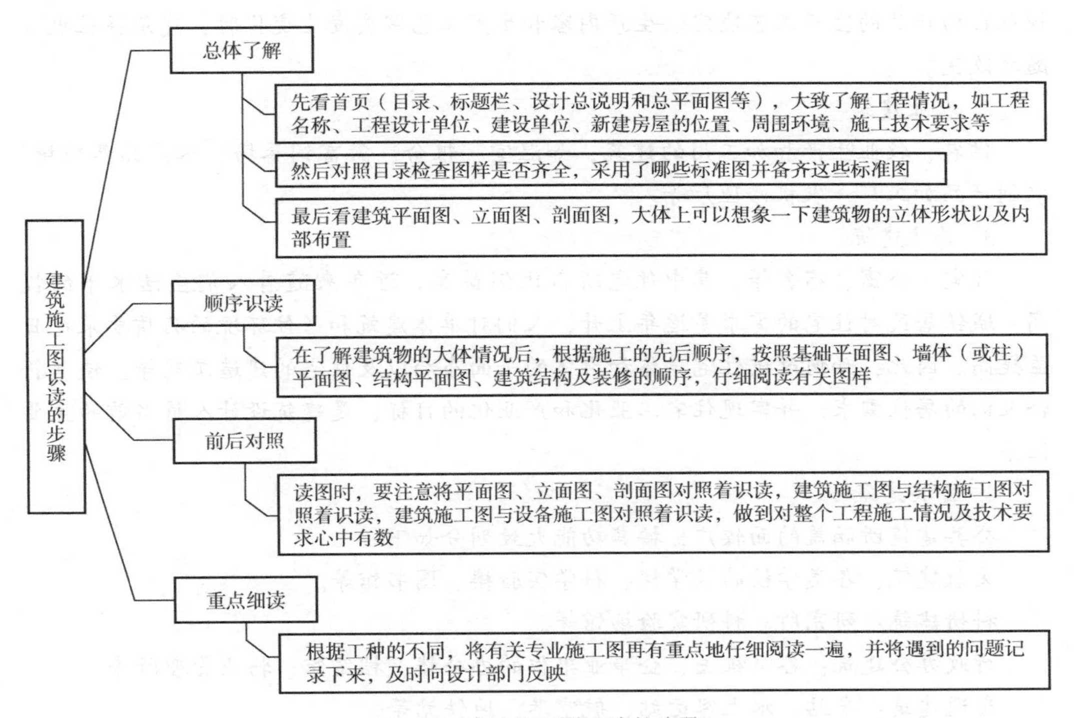

图1-3 建筑施工图识读的步骤

识读一张图样时，应按由外向内看、从大到小看、由粗到细看、图样与说明交替看、有关图样对照看的方法，重点看轴线及各种尺寸关系。要熟练识读施工图，除了要掌握正投影原理、熟悉房屋建筑的基本构造、熟知国家制图标准外，还必须掌握各专业施工图的用途、图示内容和方法。看图时还要联系生产实践，经常深入到施工现场，对照图样，观察实物，这样就能比较快地掌握图样的内容。

建筑按照房屋使用性质分类包括：工业建筑、农业建筑、居住建筑及公共建筑。

1. 工业建筑

生产厂房、辅助生产厂房、动力建筑、储藏建筑和运输建筑等，其建筑形式和规模往往由产品的生产工艺决定。生产内容和生产工艺需要发生变化时，建筑往往也须随之改变。

2. 农业建筑

供农、牧业生产和加工用的建筑，如温室、粮仓、禽畜饲养场、水产品养殖场、农副产品加工厂、农机修理厂等。

3. 居住建筑

住宅、公寓、宿舍等，其中住宅所占比例最高。近年来随着人们生活水平的提高，城镇居民对住宅的需求量逐年上升，人们对单体建筑和居住环境的品质要求也日益提高。因此，如何改进住宅单体和群体的平面布局以及住宅的建造工艺等，使其符合人们的居住需求，并实现住宅工业化和产业化的目标，是建筑设计人员当前的主要任务。

4. 公共建筑

公共建筑所涵盖的面较广，按其功能大致划分如下。

文教建筑：各类学校的教学楼、科学实验楼、图书馆等。

科研建筑：研究所、科研实验场馆等。

行政办公建筑：各类机关、企事业单位的办公楼、档案馆、物业管理所等。

交通建筑：车站、水上客运站、航空港、地铁站等。

通信广播建筑：邮政楼、广播电视楼、国际卫星通信站等。

体育建筑：各种类型的体育馆、体育场等，如游泳馆、拳击馆、高尔夫球场等。

观演建筑：电影院、剧院、音乐厅、杂技厅等。

展览建筑：展览馆、博物馆、博览馆等。

旅馆建筑：各类旅馆、宾馆、招待所等。

园林建筑：公园、小游园、动植物园等。

纪念性建筑：纪念堂、纪念碑、纪念馆、纪念塔等。

生活服务性建筑：食堂、菜场、服务站等。

托幼建筑：托儿所、幼儿园等。

医疗建筑：医院、门诊所、疗养院等。

商业建筑：商店、商场、专卖店、社区会所、超市等。

第二章

图样目录与设计总说明的识读

图样目录位于建筑施工图的首要位置，它将施工图的建筑部分按顺序排列，列成表格。

图样目录要用标准的A4图纸，页边距要相同。建设单位、工程名称一定要与图样对应，且字形、字体大小也要相同。

图样目录中的图名要与图样中的完全一致，一个字都不能有偏差。此外，还要注意排版和序号。

图样总目录的内容包括：总设计说明、建筑施工图、结构施工图、给水排水施工图、暖通空调施工图、电气施工图等各个专业每张施工图的名称和顺序。

识读口诀

图样目录很关键，了解整体的文件
明确图样的数量，还有大小工程号
目录顺序分专业，建施结施水暖电

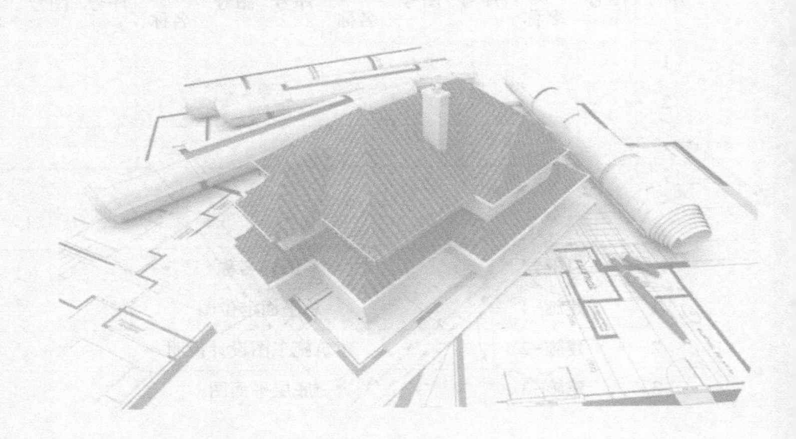

第一节 图样目录识读

一、图样目录识读技巧

1）新绘图目录编排顺序：施工图设计说明、总平面图定位图（无总图子项时）、平面图、立面图、剖面图、放大平面图、各种详图等（一般包括平面详图，如卫生间、设备间、交配电间；平面图、剖面详图，如楼梯间、电梯机房等，还有墙身剖面详图、立面详图，如门头花饰等）。

2）图号应从“1”开始一次编排，不得从“0”开始。当大型工程必须分段时，应加分段号，如建施“A—3”“建施 B—3”（A、B 为分段号，3 为图号）等，当有多个子项（或栋号）可共用的图时，可编为“建通—1”“建通—2”等。

当图样修改时，如图样局部变更，原图号不变，只需做变更记录，包括变更原因、内容、日期、修改人、审核人和项目总负责人签字。若为整张图样变更时，可将图样改为升版图代替原图样，如“建施—13A”“建施—13B”（A 表示第一次修改版，B 表示第二次修改版）。

3）总平面定位图或简单的总平面图可编入建筑施工图内。大型复杂工程或成片住宅小区的总平面图，应按总施图自行编号出图，不得与建筑施工图混编在同一份目录内。

工程项目均宜有图样总目录，用于查阅图样和报建使用，见表 2-1。专业图样目录放在各专业图样之前，见表 2-2。

表 2-1 推荐图样总目录格式

<table>
<tr><td colspan="6">工程名称：
建筑面积：</td><td colspan="6">设计编号：
建筑造价：</td><td colspan="6">设计阶段：</td></tr>
<tr><td colspan="18">图样总目录</td></tr>
<tr><td colspan="3" rowspan="2">建筑</td><td colspan="3" rowspan="2">结构</td><td colspan="3" rowspan="2">给水排水</td><td colspan="3" rowspan="2">暖通与空调</td><td colspan="6">建筑电气</td></tr>
<tr><td colspan="3">强电</td><td colspan="3">弱电</td></tr>
<tr><td>序号</td><td>图号</td><td>图样名称</td><td>序号</td><td>图号</td><td>图样名称</td><td>序号</td><td>图号</td><td>图样名称</td><td>序号</td><td>图号</td><td>图样名称</td><td>序号</td><td>图号</td><td>图样名称</td><td>序号</td><td>图号</td><td>图样名称</td></tr>
<tr><td>1</td><td></td><td></td><td></td><td></td><td></td><td></td><td></td><td></td><td></td><td></td><td></td><td></td><td></td><td></td><td></td><td></td><td></td></tr>
<tr><td>2</td><td></td><td></td><td></td><td></td><td></td><td></td><td></td><td></td><td></td><td></td><td></td><td></td><td></td><td></td><td></td><td></td><td></td></tr>
<tr><td>…</td><td></td><td></td><td></td><td></td><td></td><td></td><td></td><td></td><td></td><td></td><td></td><td></td><td></td><td></td><td></td><td></td><td></td></tr>
</table>

表 2-2 推荐建筑专业图样目录格式

序号	图号	图样名称	图幅	备注
1	建施-1	总平面定位图	A2	
2	建施-2	建筑施工图设计说明	A1	
3	建施-3	底层平面图	A1	

（续）

序号	图号	图样名称	图幅	备注
…	…	…	…	
…	建通-1	通用阳台详图	A1	
…	05J909	工程做法		国标图集

注：简单工程的设计说明也可放在总平面定位图之前。

二、图样目录实例

图样目录实例，见表2-3。

表2-3 图样目录实例

图别	图号	图名
建施	1	目录 建筑设计说明
建施	2	总平面图
建施	3	节能设计 门窗表
建施	4	一层平面图
建施	5	二层平面图
建施	6	三~五层平面图
建施	7	屋顶平面图
建施	8	南立面图
建施	9	北立面图
建施	10	东立面图 卫生间详图
建施	11	1—1剖面图 2—2剖面图
建施	12	楼梯详图

图别	图号	图名
结施	1	结构设计总说明
结施	2	基础平面布置图 基础详图
结施	3	3.270m层结构平面布置图
结施	4	6.570 ~13.170m层结构平面布置图
结施	5	16.470m层结构平面布置图
结施	6	楼梯配筋图
电施	1	设计说明 主材料 强电弱电系统图
电施	2	一层照明平面图
电施	3	二~五层照明平面图
电施	4	屋顶防雷平面图
电施	5	一~五层电话平面图

图别	图号	图名
水施	1	材料统计表 图例表说明 平面详图 给水系统图
水施	2	一层给水排水平面图
水施	3	二~四层给水排水平面图
水施	4	五层给水排水平面图
水施	5	排水系统图 消火栓系统图
暖施	1	一层采暖平面图
暖施	2	二~四层采暖平面图
暖施	3	五层采暖平面图
暖施	4	采暖系统图（一）
暖施	5	采暖系统图（二）
暖施	6	设计说明 材料统计表 图例表

位于图样目录最左边的是建施（建筑施工图），共有12张图样按照顺序排列。

第1张 是建施中的目录及建筑设计说明，其详细介绍了本建筑工程的类别、规模、各种构造的做法等。

第2张 是建施中的总平面图，其标明了建筑所处的位置和朝向。

第3张 是建施中的节能设计和门窗表，其汇集了整个工程所用门窗的个数和类型，节能设计主要是外墙外保温、屋面保温等一些为保温隔热采取的措施。

第4~7张 是建筑的各层平面图（从底层到顶层），其显示出建筑内部房间的划分、门窗的位置等。

第 8~10 张　是建筑各个方向上的立面图，主要表达了建筑的外观样式。

第 11 张　是建筑的两个剖面图，其显示了房屋的内部构造及楼梯间、出入口等重要部位的标高和做法等。

第 12 张　是建筑的楼梯详图，其将剖面图中不能表达清楚的楼梯间的踏步个数及高度、扶手、转向平台、梯梁等的尺寸、标高详细标示。

结施、电施、水施、暖施等专业的图样目录模式与建施一样，这里不再进行更多的详细介绍。

第二节　设计总说明的识读

一、设计总说明识读技巧

1）依据性文件名称和文号，如批文、本专业设计所执行的主要法规和采用的主要标准（包括标准名称、编号、年号和版本号）及设计合同等。

2）项目概况。内容一般应包括建筑名称、建设地点、建设单位、建筑面积、建筑基底面积、项目设计规模等级、设计使用年限、建筑层数和建筑高度、建筑防火分类和耐火等级、人防工程类别和防护等级、人防建筑面积、屋面防水等级、地下室防水等级、主要结构类型、抗震设防烈度等，以及能反映建筑规模的主要技术经济指标，如住宅的套型和套数（包括每套的建筑面积、使用面积）等。

3）设计标高。工程的相对标高与总图绝对标高的关系。

4）用料说明和室内外装修。

5）对采用新技术、新材料的做法说明及对特殊建筑造型和必要的建筑构造的说明。

6）门窗表及门窗性能。

7）幕墙工程及特殊屋面工程的性能及制作要求。

8）电梯（自动扶梯）选择及性能说明（功能、载重量、速度、停站数、提升高度等）。

9）建筑防火设计。

10）无障碍设计说明。

11）建筑节能设计说明。

12）工程需要采取的安全防范和防盗要求及具体措施，隔声减振减噪、防污染、防射线等的要求和措施。

13）需要专业公司进行深化设计的部分，对分包单位明确设计要求，确定技术接口的深度。

14）其他需要说明的问题。

建筑施工图识读常识见表 2-4。

表 2-4 建筑施工图识读常识

构件的常识	表示方法	用构件名称汉语拼音字母中的第一字母表示
	混凝土的强度等级	C15、C20、C25、C30、C35、C40、C45、C50、C55、C60、C65、C70、C75、C80，混凝土的强度等级越高，其抗压强度越高
钢筋的种类常识	受力筋——构件中承受拉应力和压应力的钢筋。用于梁、板、柱等各种钢筋混凝土构件中	
	箍筋——构件中承受一部分斜拉应力（剪应力），并固定纵向钢筋位置的钢筋。用于梁和柱中	
	架立筋与梁内受力筋、箍筋一起构成钢筋的骨架	
	分布筋与板内受力筋一起构成钢筋的骨架，垂直于受力筋	
	构造筋——因构造要求和施工安装需要配置的钢筋	

二、设计总说明实例

设计总说明实例见表 2-5。

表 2-5 某工程的建筑设计总说明

建筑设计总说明

一、设计依据

《民用建筑设计统一标准》（GB 50352—2019）

《建筑设计防火规范（2018 版）》（GB 50016—2014）

《住宅设计规范》（GB 50096—2011）

《住宅建筑规范》（GB 50368—2005）

《公共建筑节能设计标准》（GB 50189—2015）

《屋面工程技术规范》（GB 50345—2012）

二、工程概况

工程名称：×××住宅楼

建筑耐久年限：50 年

建筑类别：多层

建筑耐火等级：二级

建筑抗震设防烈度：8 度

（续）

三、结构形式：砌体结构
四、标高与单位
本工程±0. 000=绝对标高 55. 80m
各层标高为完成面标高，层面标高为结构面标高
本工程标高以米（m）为单位，尺寸以毫米（mm）为单位
五、墙体工程
承重墙：240mm 厚页岩多孔砖
非承重墙：90mm 厚轻质隔墙板，用于卫生间、厨房
六、外墙外保温为 60mm 厚聚苯板
七、居民信报箱设在每个单元的首层入口处，采用 B-3X5 型，详见《住宅信报箱图集》（京 01SJ40）

1）本例中，建筑设计说明的“第一项”，说明了这套图样设计时所依据的规范。

2）本例中，建筑设计说明的“第二项”，说明了工程的概况，其中国家对建筑类别、耐久等级和耐火等级的规定见表 2-6~表 2-8。

3）本例中，建筑设计说明的“第三项”，规定了建筑的结构为砌体结构。

4）本例中，建筑设计说明的“第四项”，规定了建筑中的绝对标高的数值。

5）本例中，建筑设计说明的“第五项”，规定了建筑承重墙和非承重墙的用材。

6）本例中，建筑设计说明的“第六项”，规定了建筑外墙保温材料的规格。

7）本例中，建筑设计说明的“第七项”，规定了建筑附带的便民设施。

表 2-6 建筑类别

低层	1~3 层
多层	4~6 层
中高层	7~9 层
高层	10~30 层

表 2-7 建筑物耐久等级

级别	适用建筑范围	耐久年限/年	级别	适用建筑范围	耐久年限/年
一	重要建筑和高层建筑	>100	三	次要建筑	25~50
二	一般建筑	50~100	四	临时性建筑	<15

表 2-8 建筑物耐火等级

构件名称		耐火等级			
		一级	二级	三级	四级
墙	防火墙	不燃性 3. 00h	不燃性 3. 00h	不燃性 3. 00h	不燃性 3. 00h
	承重墙	不燃性 3. 00h	不燃性 2. 50h	不燃性 2. 00h	不燃性 0. 50h
	非承重墙	不燃性 1. 00h	不燃性 1. 00h	不燃性 0. 50h	可燃性

（续）

构件名称		耐火等级			
		一级	二级	三级	四级
墙	楼梯间和前室的墙、电梯井的墙、住宅建筑单元之间的墙和分户墙	不燃性 2. 00h	不燃性 2. 00h	不燃性 1. 50h	难燃性 0. 50h
	疏散走道两侧的隔墙	不燃性 1. 00h	不燃性 1. 00h	不燃性 0. 50h	难燃性 0. 25h
	房间隔墙	不燃性 0. 75h	不燃性 0. 50h	不燃性 0. 50h	难燃性 0. 25h
柱		不燃性 3. 00h	不燃性 2. 50h	不燃性 2. 00h	难燃性 0. 50h
梁		不燃性 2. 00h	不燃性 1. 50h	不燃性 1. 00h	难燃性 0. 50h
楼板		不燃性 1. 50h	不燃性 1. 00h	不燃性 0. 50h	可燃性
屋顶承重构件		不燃性 1. 50h	不燃性 1. 00h	不燃性 0. 50h	可燃性
疏散楼梯		不燃性 1. 50h	不燃性 1. 00h	不燃性 0. 50h	可燃性
吊顶（包括吊顶格栅）		不燃性 0. 25h	不燃性 0. 25h	不燃性 0. 15h	可燃性

注：1. 除规范另有规定外，以木柱承重且墙体采用不燃材料的建筑，其耐火等级应按四级确定。

2. 住宅建筑构件的耐火极限和燃烧性能可按《住宅建筑规范》（GB 50368—2005）的规定执行。

第三章

建筑总平面图的识读

建筑总平面图也称为总图，是整套施工图中领先的图样，是说明建筑物所在的地理位置和周围环境的平面图。一般在图上标出新建筑的外形、层次、外围尺寸、相邻尺寸，建筑物周围的地貌、原有建筑、建成后的道路，水源、电源、下水道干线的位置，如在山区还要标出地形的等高线等。

有的建筑总平面图，设计人员还根据测量确定的坐标网，绘出需要建设的房屋所在方格网的部位和水准标高。

为了表示建筑物的朝向和方位，在总平面图中，还绘有指北针和表示风向的风向频率玫瑰图等。

识读口诀

总平面图内容多，听我慢慢给你说
已有新建和拟建，细线粗线和虚线
指北针和玫瑰图，表示方向和风向
防火通风和日照，各种指标规范找
干道间距和绿地，指标数值别瞎取
好的环境使人喜，建筑规划要合理

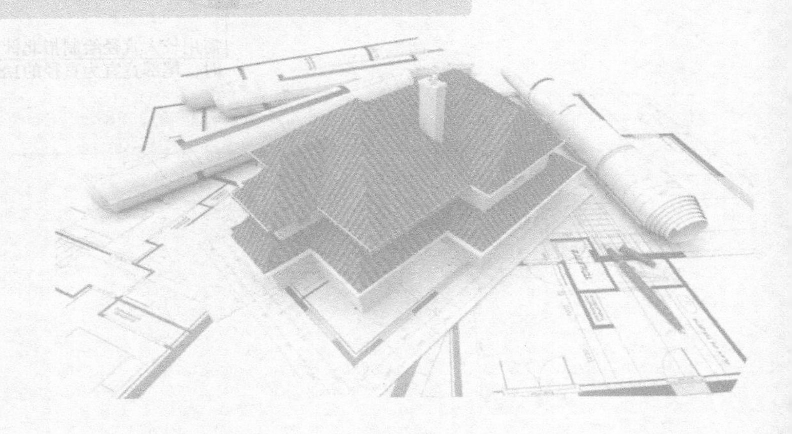

第一节　建筑总平面图的内容

建筑总平面图的内容一般包括：

1）图名、比例。

2）应用图例来表明新建区、扩建区或改建区的总体布置，表明各建筑物和构筑物的位置，道路、广场、室外场地和绿化等的布置情况，以及各建筑物的层数等。在总平面图上一般应画上所采用的主要图例及其名称。此外对于《建筑制图标准》（GB/T 50104—2010）中缺乏规定而需要自定的图例，必须在总平面图中绘制清楚，并注明其名称。

3）确定新建或扩建工程的具体位置，一般根据原有房屋或道路来定位，并以“m”为单位标注出定位尺寸。

当新建成片的建筑物和构筑物或较大的公共建筑及厂房时，往往用坐标来确定每一建筑物及道路转折点等的位置。对地形起伏较大的地区，还应画出地形等高线。

4）注明新建房屋底层室内地面和室外整平地面的绝对标高。

5）画上风向频率玫瑰图及指北针，来表示该地区的常年风向频率和建筑物、构筑物等的朝向，有时也可只画单独的指北针。

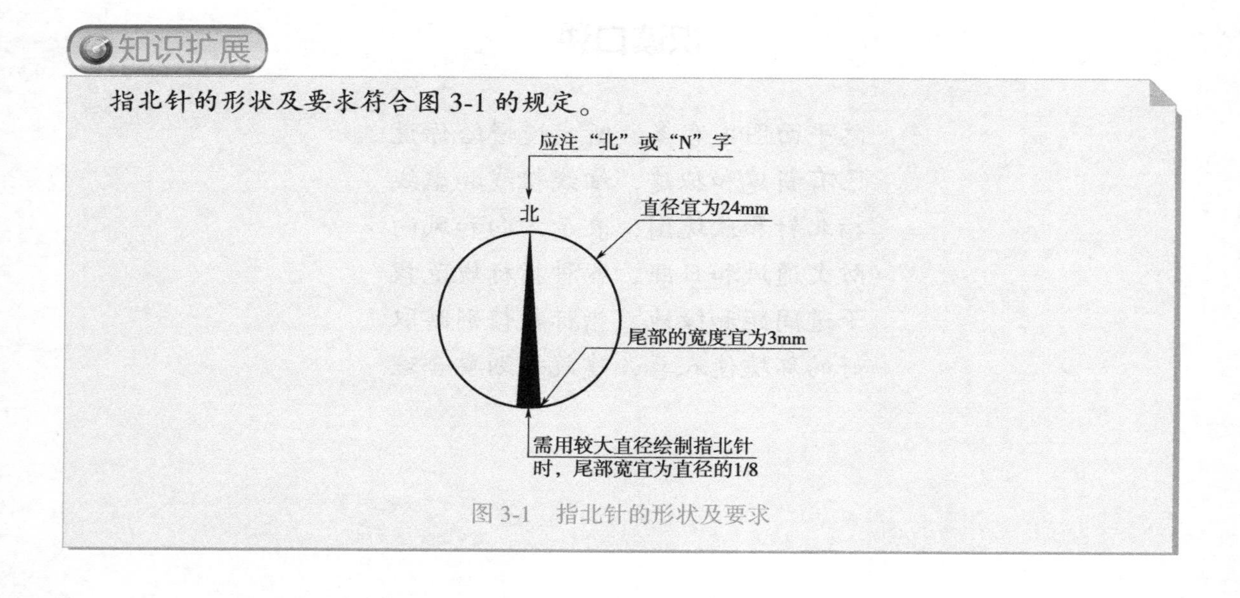

图3-1　指北针的形状及要求

第二节 建筑总平面图的识读技巧

1）一张总平面图，先看图样名称、比例及文字说明，对图样的大概情况有一个初步了解。

2）在阅读总平面图之前要先熟悉相应图例，熟悉图例是阅读总平面图应具备的基本知识。

3）找出规划红线，确定总平面图所表示的整个区域中土地的使用范围。

4）查看总平面图的比例和风向频率玫瑰图，确定建筑物的朝向及该地区的全年风向、频率和风速。

5）了解新建房屋的平面位置、标高、层数及其外围尺寸等。

6）了解新建建筑物的位置及平面轮廓形状与层数、道路、绿化、地形等情况。

7）了解新建建筑物的室内外高差、道路标高、坡度及地面排水情况；了解绿化、美化的要求和布置情况以及周围的环境。

8）看房屋的道路交通与管线走向的关系，确定管线引入建筑物的具体位置。

9）了解建筑物周围环境及地形、地物情况，以确定新建建筑物所在的地形情况及周围地物情况。

10）了解总平面图中的道路、绿化情况，以确定新建建筑物建成后的人流方向和交通情况及建成后的环境绿化情况。

11）若在总平面图上还画有给水排水、采暖、电气施工图，需要仔细阅读，以便更好地理解图样要求。

知识扩展

计量单位

1）总平面图中的坐标、标高、距离以“m”为单位。坐标标注保留小数点后三位，不足时以“0”补齐；标高、距离标注保留小数点后两位，不足时以“0”补齐。详图可以“mm”为单位。

2）建筑物、构筑物、铁路、道路方位角（或方向角）和铁路、道路转向角的度数，宜注写到“″”（秒），特殊情况应另加说明。

3）铁路纵坡度宜以千分计，道路纵坡度、场地平整坡度、排水沟沟底纵坡度宜以百分计，并应保留小数点后一位，不足时以“0”补齐。

第三节 建筑总平面图的实例识读

一、某单位宿舍区总平面图识读

某单位宿舍区总平面图，如图 3-2 所示。

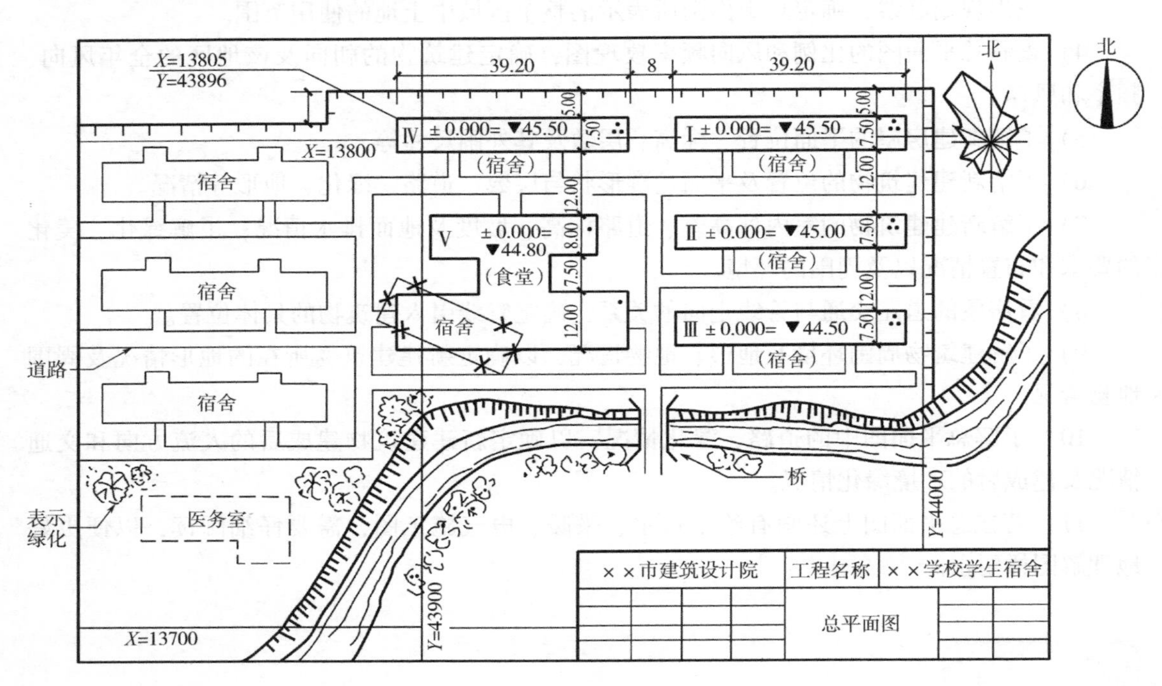

宿舍总平面图 1:500

图 3-2 某单位宿舍区总平面图

1）从图名可知该图为某单位宿舍总平面图，比例为1∶500。

2）通过指北针的方向可知，所有已建和新建的宿舍楼的朝向一致（准备拆除的宿舍楼除外），均为坐北朝南。通过风向频率玫瑰图可知，该地区全年风以西北风为主导风向。

3）图中Ⅰ、Ⅱ、Ⅲ、Ⅳ号宿舍楼及食堂都是新建建筑，轮廓线用粗实线表示。图中左侧位置处为已建宿舍楼，轮廓线为细实线。图中中间位置处的宿舍楼为要拆除的房屋，轮廓线用细线并且在四周画了“×”（其他河流、绿化、道路等图例可以对照制图标准理解，这里不再一一赘述）。

4）从图中每栋新建建筑右上角的点数可知，Ⅰ、Ⅱ、Ⅲ、Ⅳ号新建宿舍楼都是三层。

5）从图中可以看出Ⅰ、Ⅳ号新建宿舍楼的标高为45.50m，Ⅱ号新建宿舍楼的标高为45.00m，Ⅲ号新建宿舍楼的标高为44.50m，食堂的标高为44.80m。

6）图中在Ⅳ号新建宿舍楼的西北角给出两个坐标用于其他建筑的定位。

7）从尺寸标注可知Ⅰ、Ⅱ、Ⅲ、Ⅳ号新建宿舍楼的长度为39.2m，宽度为7.5m，东西间距为8m，南北间距为12m。

知识扩展

某单位宿舍总平面图的房屋定位测量图，如图3-3所示。

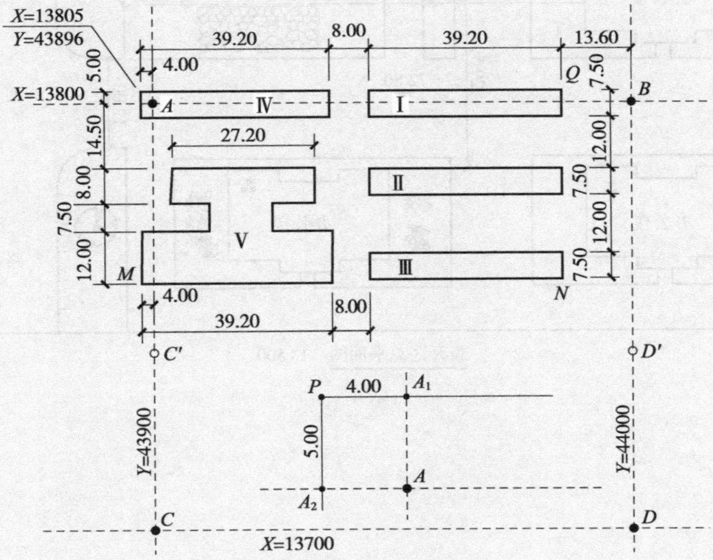

图3-3 房屋定位测量图

二、某新开区总平面图识读

某新开区总平面图，如图 3-4 所示。

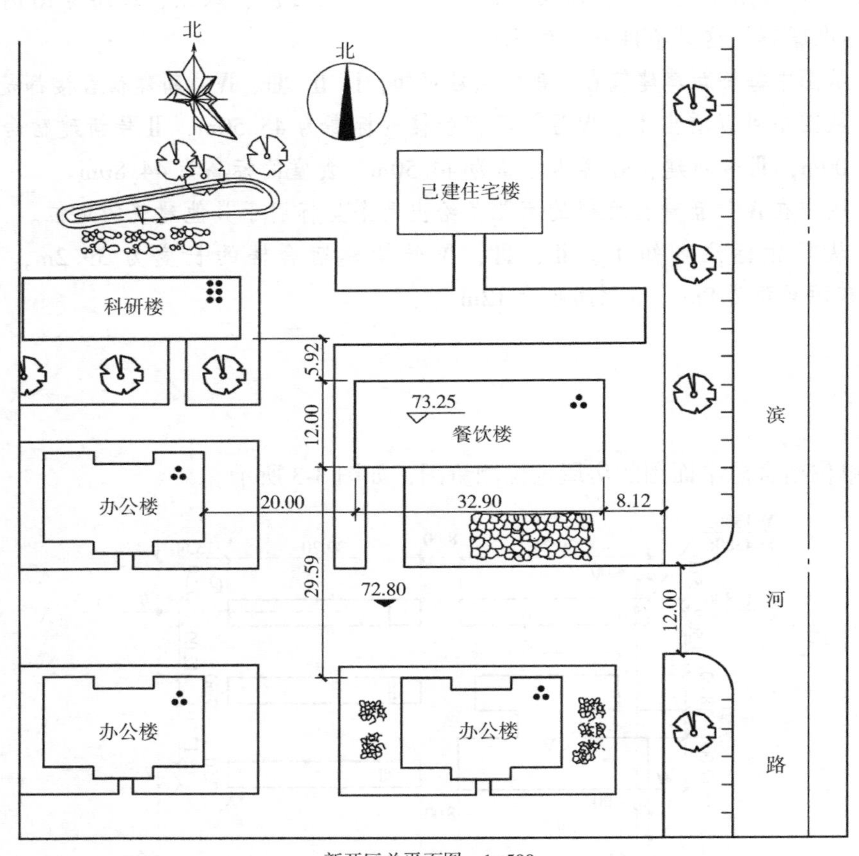

图 3-4 某新开区总平面图

1）该总平面图为某新开区总平面图，比例为 1∶500，建筑物西北方和正东方有绿地。

2）通过指北针的方向可知，三栋办公楼、科研楼及餐饮楼的朝向一致，均为坐北朝南。通过风向频率玫瑰图可知，该地区全年风以西北风和东南风为主导风向。

3）图中三栋办公楼、科研楼及餐饮楼都是新建建筑，轮廓线用粗实线表示；图中前方中间位置处为已建住宅楼，轮廓线为细实线（其他图例可以对照制图标准理解，这里不再一一赘述）。

4）从图中三栋办公楼的右上角点数可知，三栋办公楼都是 3 层；由科研楼的右上角点数可知，该科研楼为 6 层；由餐饮楼的右上角点数可知，该餐饮楼为 3 层。

5）从图中可以看出室外标高为 72.80m，室内地面标高为 73.25m，底层地面与室外地面高差为 0.45m。

知识扩展

建筑工程制图常用线型见表 3-1。

表 3-1　建筑工程制图常用线型

序号	名称	线型
1	主建筑	粗实线
2	次建筑	细实线
3	道路中心线	细点画线
4	用地范围线	粗点画线
5	道路、景观	中实线
6	建筑名、主次入口	粗实线
7	拟建建筑	粗细双实线
8	其他建筑	细单实线

三、某疗养院总平面图识读

某疗养院总平面图，如图 3-5 所示。

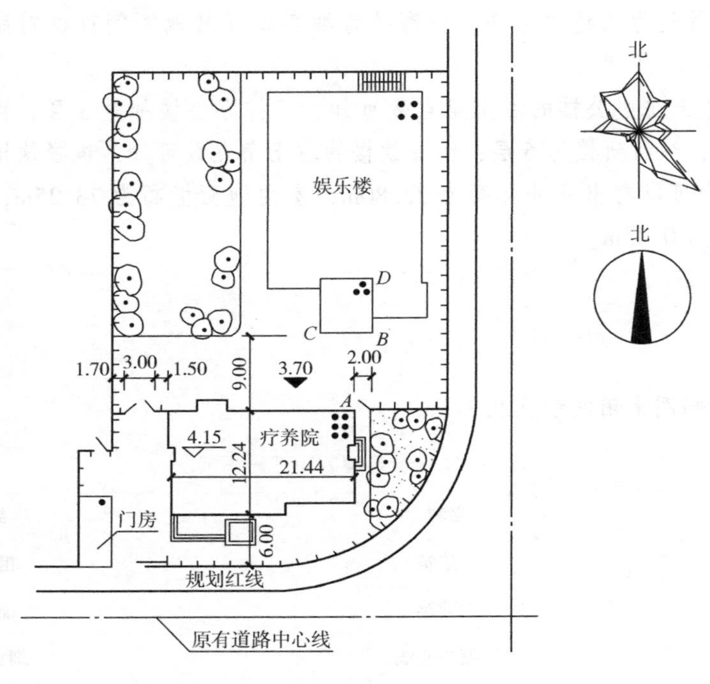

图 3-5 某疗养院总平面图

1）该总平面图为某疗养院总平面图，比例为 1∶500，从图中下方的文字标注可知规划红线的位置，建筑物西北方和正东方有绿地。

2）通过指北针的方向可知，疗养院坐北朝南。通过风向频率玫瑰图可知，该地区全年以西北风和东南风为主导风向。

3）图中疗养院为新建建筑，轮廓线用粗实线表示；娱乐楼为原有建筑，轮廓线用细实线表示（其他图例可以对照制图标准理解，这里不再一一赘述）。

4）从图中疗养院右上角的点数可知，疗养院为六层；原有娱乐楼主体部分为四层，组合体部分为三层。

5）从图中可以看出整个区域比较宽敞，室外标高为 3.70m，疗养院室内地面标高为 4.15m。

6）从尺寸标注可知疗养院的长度为 21.44m。

7）疗养院的东墙面平行于原有娱乐楼的东墙面，设在原有娱乐楼的 *BD* 墙面之西 2.00m 处。北墙面位于原有娱乐楼的 *BC* 墙面之南 9.00m 处，基地的四周均设有围墙。

8）图中围墙外细点画线表示道路的中心线。

9）新建的道路或硬地注有主要的宽度尺寸，道路、硬地、围墙与建筑物之间为绿化地带。

知识扩展

园林景观绿化常用植物图例见表 3-2。

表 3-2 园林景观绿化常用植物图例

序号	名称	图例
1	常绿针叶乔木	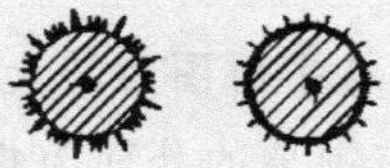
2	落叶针叶乔木	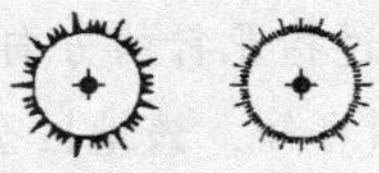
3	常绿阔叶乔木	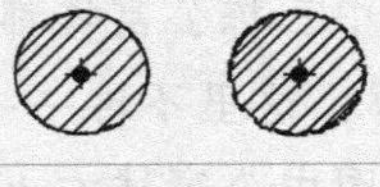
4	落叶阔叶乔木	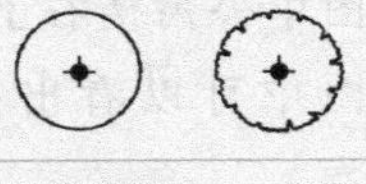
5	草坪	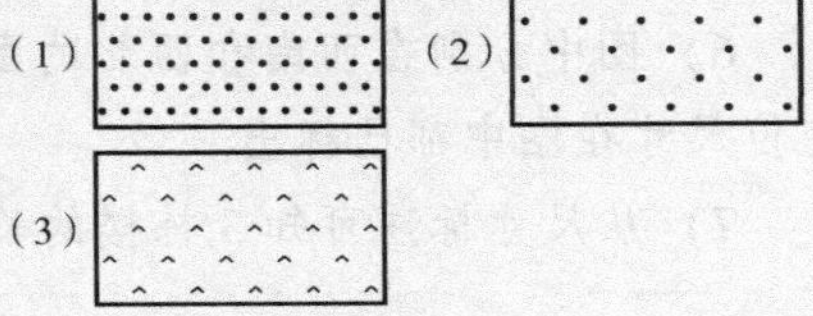 （1） （2） （3）

四、某大学公寓区总平面图识读

某大学公寓区总平面图，如图 3-6 所示。

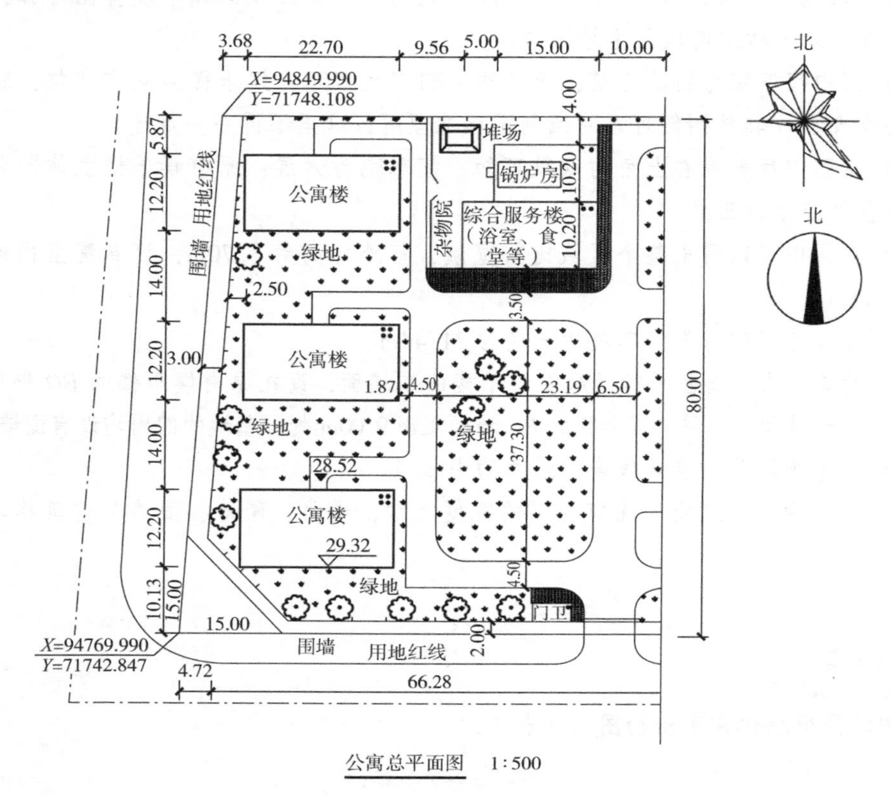

图 3-6　某大学公寓区总平面图

1）该总平面图为某大学公寓区总平面图，比例为 1∶500，从图中下方的文字标注可知，该围墙的外面为规划红线，建筑物周围有绿地和道路。

2）通过指北针的方向可知，三栋公寓楼的朝向一致，均为坐南朝北。通过风向频率玫瑰图可知，该地区全年以西北风和东南风为主导风向。

3）图中三栋公寓楼都是新建建筑，轮廓线用粗实线表示（其他图例可以对照制图标准理解，这里不再一一赘述）。

4）从图中公寓楼右上角的点数可知，三栋公寓楼都是 4 层。

5）从图中可以看出整个区域比较平坦，室外标高为 28.52m，室内地面标高为 29.32m。

6）图中分别在西南和西北的围墙处给出两个坐标用于 3 栋楼定位，各楼具体的定位尺寸在图中都已标出。

7）从尺寸标注可知 3 栋楼的长度为 22.70m，宽度为 12.20m。

五、某师范学院总平面图识读

某师范学院总平面图，如图 3-7 所示。

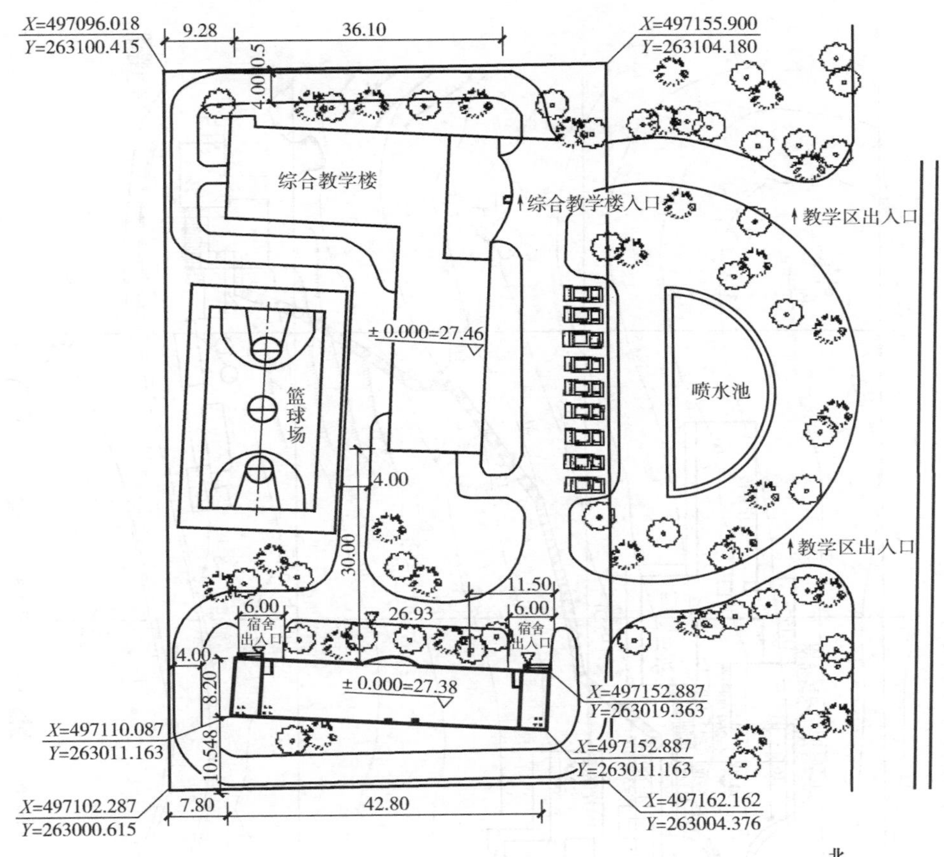

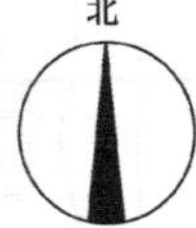

图 3-7 某师范学院总平面图

1）图中粗实线所示图样为新建宿舍楼，一字形，总长为 42.80m，总宽为 8.20m，中间主楼部分为四层，两端附属为四层。

2）从指北针的方向可知，宿舍楼的出入口在北立面。

3）新建宿舍楼采用坐标定位，分别给出三个角的坐标。

4）室外地坪标高为 26.93m，室内标高为 27.38m，室内外高差为 0.45m。

5）新建宿舍楼的北侧有教学楼和篮球场等，都为已建建筑。

6）附注说明了坐标和标高的标准以及图中的尺寸单位。

六、某疗养院局部建筑总平面图识读

某疗养院局部建筑总平面图，如图 3-8 所示。

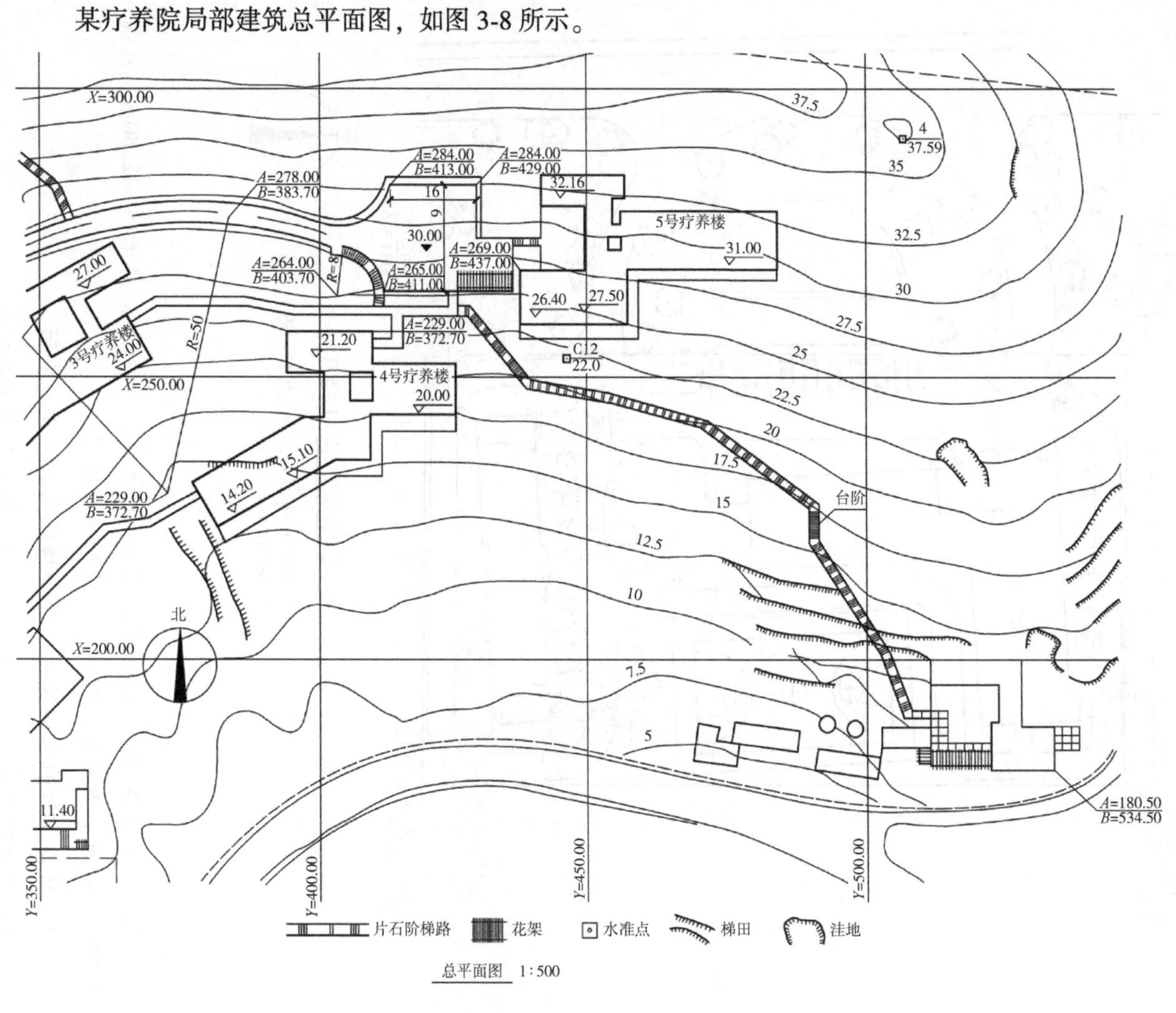

图 3-8 某疗养院局部建筑总平面图

1）施工图为某疗养院建筑总平面图的一部分，该基地的范围较大，且地形起伏明显，故画有地形等高线和坐标方格网。建筑总平面图中的房屋、广场和主要道路等是按坐标方格网来定位的。

2）在地形明显起伏的基地上布置建筑物和道路时，应注意尽量结合地形，以减少土石方工程。即使是同一幢房屋，也可以结合地形来设计，例如：3 号疗养楼、4 号疗养楼和 5 号疗养楼的底层平面均不在同一标高上。图中每幢疗养楼都分段注出了各部分室内地面的绝对标高。

3）在疗养院基地范围内的全部绿化，另有园林布置总平面图，故在该建筑总平面图中，不再标明绿化的配置。

知识扩展

标高投影法，常用来表示地面的形状，如图 3-9 所示。

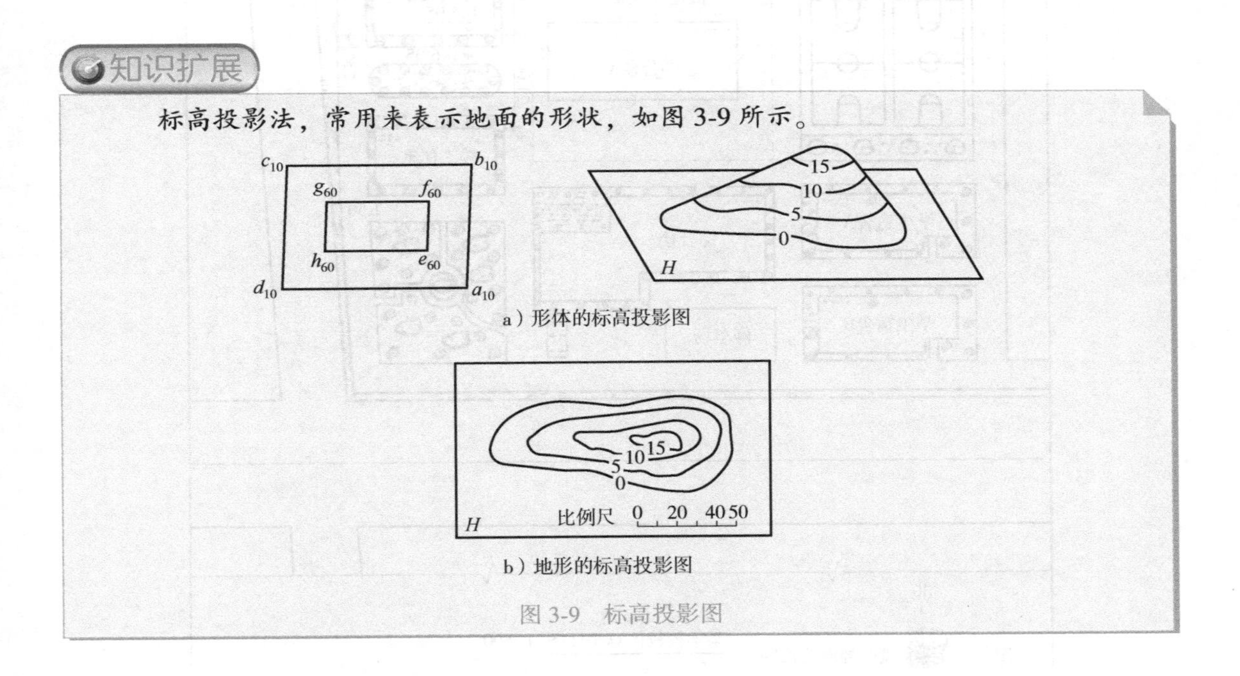

a）形体的标高投影图

b）地形的标高投影图

图 3-9　标高投影图

七、某学校校区的总平面图识读

某学校校区的总平面图，如图 3-10 所示。

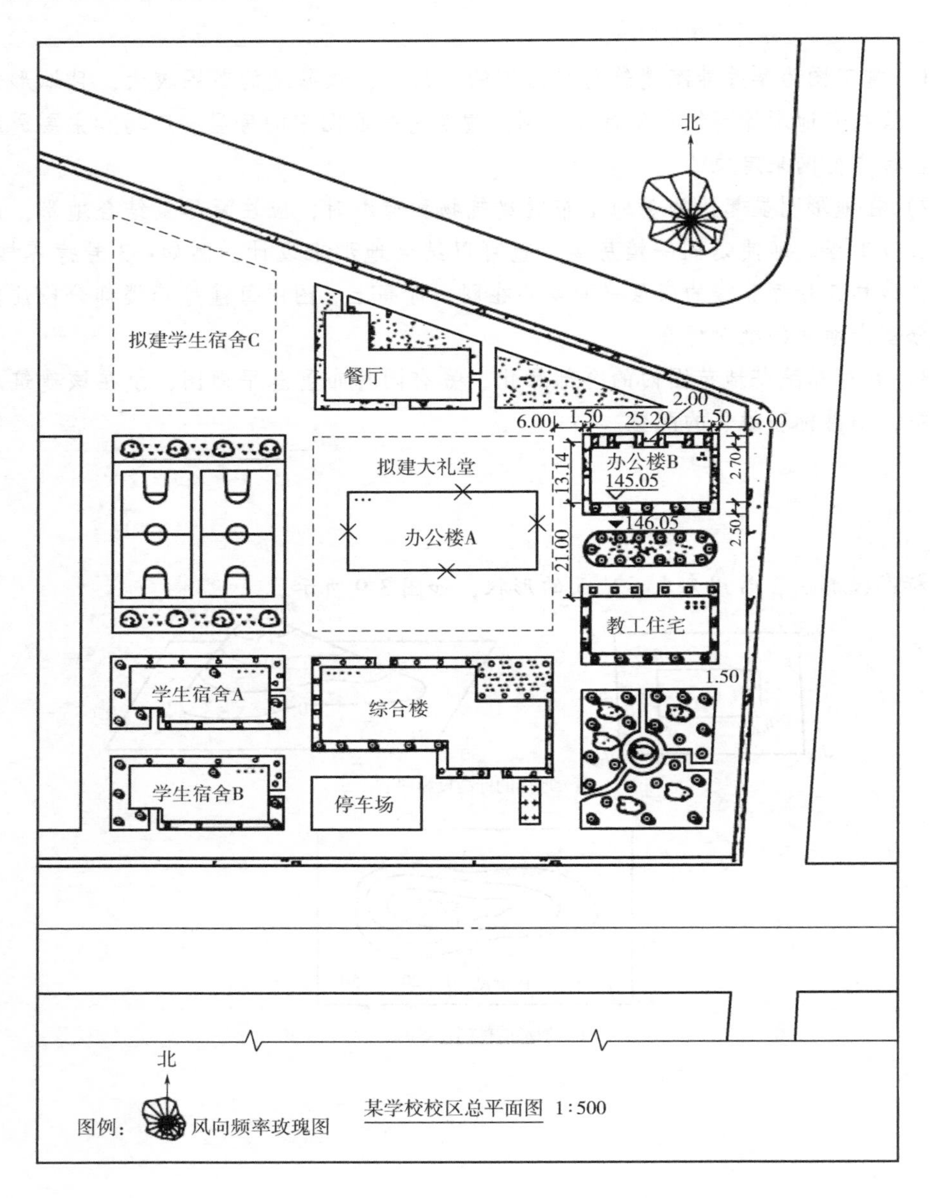

图 3-10 某学校校区总平面图

1）由图名可知，该图是某学校校区的总平面图，比例为1：500。

2）图中已有建筑为学生宿舍A、学生宿舍B、教工住宅、办公楼A、综合楼、停车场、餐厅、绿化等。

3）该学校校区常年主导风向是西北风，夏季主导风向是东南风。

4）图中新建办公楼B的平面形状为左右对称，朝向正北，东西向总长25.20m，南北向总宽13.14m，共3层。房屋的位置可用定位尺寸或坐标确定。

5）从图中可以看出，新建办公楼B在校区的东北角，其位置以原有的教工住宅定位，西墙与教工住宅的西墙对齐，南墙与教工住宅的北墙相距21.00m。底层室内地面的绝对标高为145.05m，室外地面的绝对标高为146.05m，室外地面高出室内地面1.00m。

6）由图可知，在新建办公楼B的周围还有道路，与该住宅的出入口之间有2.00m宽的人行道相连。

7）在新建办公楼B的西北面是一绿化地和餐厅，西面有一幢待拆除的办公楼A，南面有一幢6层的教工住宅楼。校区的最南边是花园、综合楼和学生宿舍A和B，最西边是篮球场和拟建学生宿舍C的预留地。

知识扩展

风向频率玫瑰图是总平面图上用来表示该地区每年风向频率的标志。风向频率玫瑰图应根据当地实际气象资料按东、南、西、北、东南、东北、西南、西北8个（或16个）方向绘出，如图3-11所示。

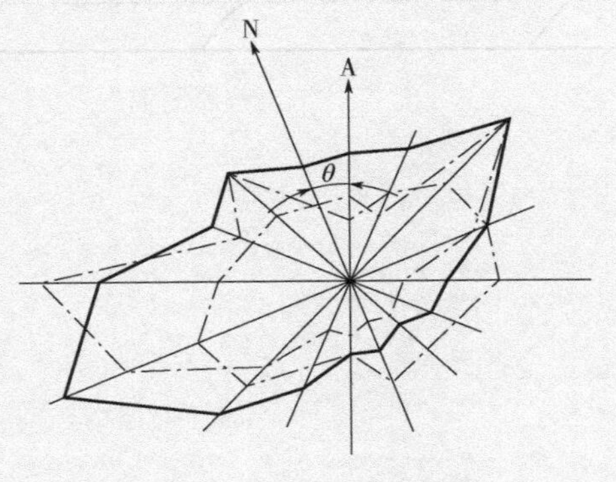

图3-11 指北针与风向频率玫瑰图

八、某住宅工程总平面图识读

某住宅工程总平面图，如图 3-12 所示。

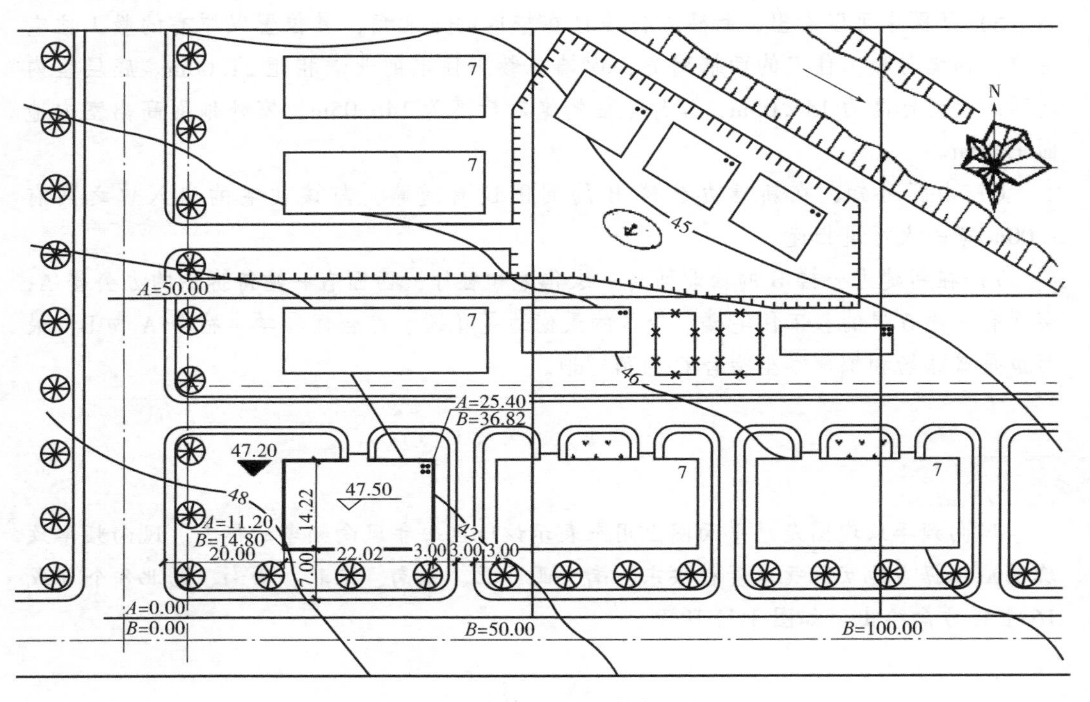

图 3-12　某住宅工程总平面图

1）拟建建筑的平面图是采用粗实线表示的，而该建筑的层数则用小黑点表示，图中拟建建筑为 4 层。新建住宅两个相对墙角的坐标为$\dfrac{A=11.20}{B=14.80}$、$\dfrac{A=25.40}{B=36.82}$。可知建筑的总长度为 36.82m−14.80m=22.02m，总宽度为 25.40m−11.20m=14.20m。原有建筑则用细实线表示，而其中打叉的则是要拆除的建筑。原有道路则用带有圆角的平行细实线表示。拟建建筑平面图形的凸出部分是建筑的入口。入口有道路连接，在道路或建筑物之间的空地设有绿化带，而在道路两侧均匀地植有阔叶灌木。

2）从图中的等高线可以知道：西南地势较高，坡向东北，在东北部有一条河从西北流向东南，河的两侧有护坡。河的西南侧有三座二层别墅，楼前有一花坛。

3）由风向频率玫瑰图可以知道：该地区常年主导风向是东北风。

知识扩展

标注房屋墙角坐标的方法，如图 3-13 所示。

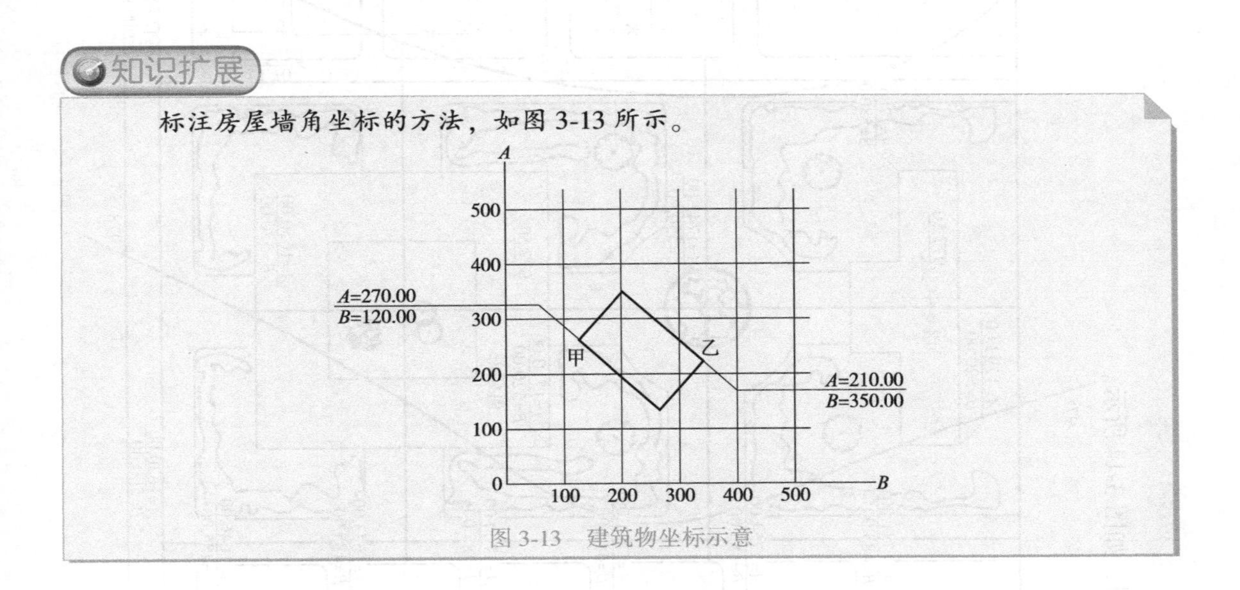

图 3-13　建筑物坐标示意

九、某商住楼总平面图识读

某商住楼总平面图，如图 3-14 所示。

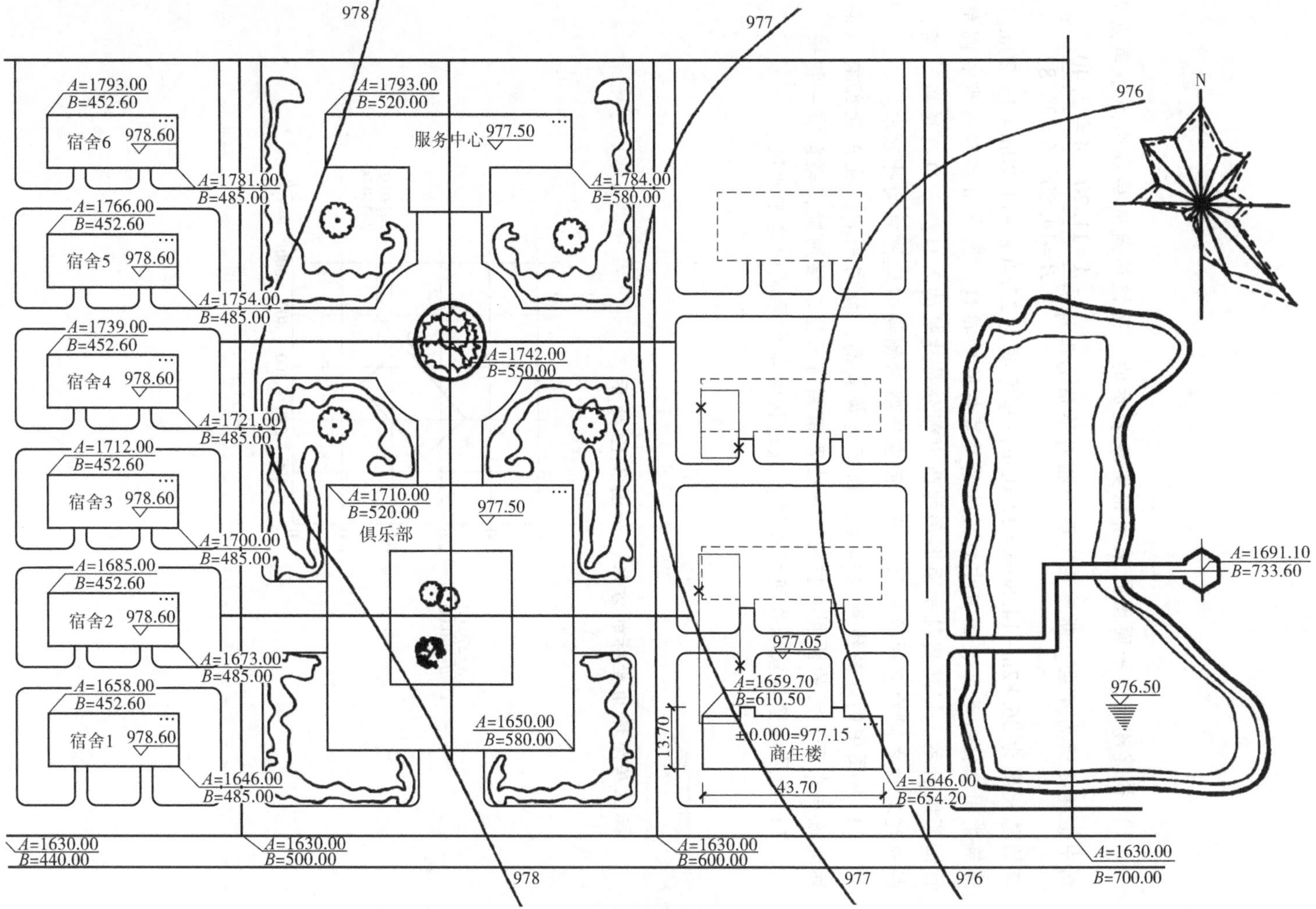

978
977
976
N
A=1793.00
B=452.60
宿舍6 978.60
A=1781.00
B=485.00
A=1766.00
B=452.60
宿舍5 978.60
A=1754.00
B=485.00
A=1739.00
B=452.60
宿舍4 978.60
A=1721.00
B=485.00
A=1712.00
B=452.60
宿舍3 978.60
A=1700.00
B=485.00
A=1685.00
B=452.60
宿舍2 978.60
A=1673.00
B=485.00
A=1658.00
B=452.60
宿舍1 978.60
A=1646.00
B=485.00
A=1793.00
B=520.00
服务中心 977.50
A=1784.00
B=580.00
A=1742.00
B=550.00
A=1710.00
B=520.00
俱乐部
977.50
A=1650.00
B=580.00
977.05
A=1659.70
B=610.50
±0.000=977.15
商住楼
13.70
43.70
A=1646.00
B=654.20
A=1691.10
B=733.60
976.50
A=1630.00
B=440.00
A=1630.00
B=500.00
A=1630.00
B=600.00
A=1630.00
B=700.00
978
977
976

图3-14　某商住楼总平面图

1）该施工图为某商住楼总平面图。

2）由图可知，新建建筑所处的地形用等高线的形式表示，整个地形是西面较高，东面较低（等高线分别为978、977、976）。新建商住楼位于小区内东南角，西面已建好的建筑有一栋俱乐部、六栋宿舍楼、一栋服务中心，俱乐部3层，宿舍3层，服务中心3层。新建建筑北面虚线表示的为计划扩建的建筑范围。要新建建筑和以后扩建建筑，都需拆除旧建筑（打“×”的轮廓线）。新建建筑的东面是一池塘，池塘内水面标高为976.50m，在池塘东面有一六角形的小亭子，池塘上面有小桥可连通池塘两端。

3）图右上方是带指北针的风向频率玫瑰图，表示该地区全年以东南风为主导风向。从图中可知，新建建筑的方向坐北朝南。

4）本次新建建筑平面形状为矩形，长度为654.20m−610.50m=43.7m，宽度为1659.70m−1646.00m=13.7m，3层。新建建筑采用施工坐标定位，右下角的坐标为A：1646.00、B：654.20，左上角坐标为A：1659.70、B：610.50。定位时可用这两组坐标与左面道路的坐标A：1630.00、B：600.00来计算确定其准确位置。

5）在俱乐部周围和服务中心之间有绿化地和花坛。

知识扩展

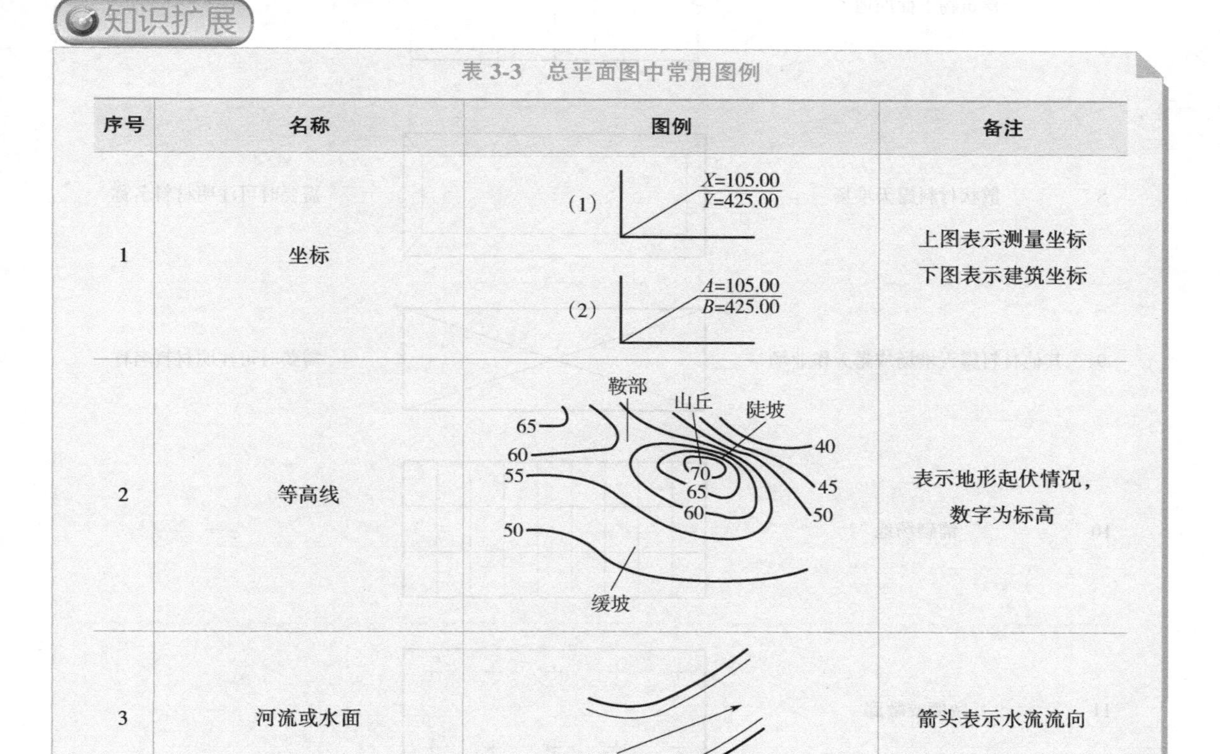

表3-3 总平面图中常用图例

序号	名称	图例	备注
1	坐标	(1) X=105.00 Y=425.00 (2) A=105.00 B=425.00	上图表示测量坐标 下图表示建筑坐标
2	等高线	鞍部 山丘 陡坡 65 60 55 50 70 65 60 40 45 50 缓坡	表示地形起伏情况，数字为标高
3	河流或水面		箭头表示水流流向

（续）

序号	名称	图例	备注
4	原有建筑物		用细实线表示
5	计划扩建的预留地或建筑物		用中粗虚线表示
6	拆除的建筑物		用细实线并打叉表示
7	建筑物下面的通道		—
8	散状材料露天堆场		需要时可注明材料名称
9	其他材料露天堆场或露天作业场		需要时可注明材料名称
10	铺砌场地		—
11	敞棚或敞廊		—

第四节 建筑总平面图识读疑惑解析

1. 建筑总平面图里面的 x、y 表示什么意思

建筑总平面图中 x、y 是坐标轴的意思，其中 x 为横轴，y 为纵轴，建筑总平面图中 x、y 联合可以确定图中某一点的具体位置。

坐标轴：

坐标轴是用来定义一个坐标系的一组直线或一组线；位于坐标轴上的点的位置由一个坐标值所唯一确定，而其他的坐标在此轴上的值是零。

2. 建筑物、构筑物、管沟等应标注标高的部位有哪些

1）建筑物室内地坪，标注建筑图中±0.000 处的标高，对不同高度的地坪，分别标注其标高。

2）建筑物室外散水，标注建筑物四周转角处或对称两角处的室外地坪标高。

3）构筑物标注其有代表性的标高，并用文字注明标高所指的位置。

4）挡土墙标注墙顶和墙角标高，路堤标注边坡和坡脚标高，排水沟标注沟顶和沟底标高。

5）场地平整标注其控制位置标高，铺砌场地标注其铺砌面标高。

3. 什么是相对标高，什么是绝对标高

1）相对标高：表示建筑物各部分的高度。标高分相对标高和绝对标高，相对标高是把室内首层地面高度定为相对标高的零点，用于建筑物施工图的标高标注。

在建筑施工图的总平面图说明上，一般都含有如“本工程一层地面为工程相对标高±0.000m，绝对标高为 36.55m”的说明。这里的一层地坪±0.000 是相对于工程项目内的假定高度，但它比黄海平均海平面高 36.55m。当施工到二层地面时，图样上给出的二层地面建筑高度为+4.50m，那么就说明二层地面比一层地面±0.000 高出 4.50m。

2）绝对标高：我国把黄海平均海平面定为绝对标高的零点，其他各地标高以此为基准，任何一个地点相对于黄海的平均海平面的高差，就称为绝对标高。

4. 建筑总平面图中可以了解到的内容有什么

1）图名、比例及有关文字说明。建筑总平面图因包括的地区范围较大，所以绘制时都采用较小比例，如 1∶500、1∶1000、1∶2000 等。

2）新建工程的总体情况。新建工程的性质与总体布置；建筑物所在区域的大小和边界；各建筑物和构筑物的位置及层数；道路、场地和绿化等布置情况。

3）工程具体位置。新建工程或扩建工程的具体位置。新建房屋的定位方法有两种：一种是参照物法，即根据已有房屋或道路定位；另一种是坐标定位法，即在地形图上绘制测量坐标网。

知识扩展

常用比例见表 3-4。

表 3-4　常用比例

项目	内容
线状图	1∶500、1∶1000、1∶2000
地理交通位置图	1∶25000、1∶200000
总体规划、总体布置、区域位置图	1∶2000、1∶5000、1∶10000、1∶25000、1∶50000
总平面图，竖向布置图，管线综合图，土方图，铁路、道路平面图	1∶300、1∶500、1∶1000、1∶2000
场地园林景观总平面图、场地园林景观竖向布置图、种植总平面图	1∶300、1∶500、1∶1000
铁路、道路纵断面图	垂直：1∶100、1∶200、1∶500 水平：1∶1000、1∶2000、1∶5000
铁路、道路纵断面图	1∶20、1∶50、1∶100、1∶200
场地断面图	1∶100、1∶200、1∶500、1∶1000
详图	1∶1、1∶2、1∶5、1∶10、1∶20、1∶50、1∶100、1∶200

第四章

建筑平面图的识读

建筑平面图是假想用一个水平剖切平面，在建筑物门窗洞口处将房屋剖切开，移去剖切平面以上的部分，将剩余部分用正投影法向水平投影面作正投影所得到的投影图。

沿底层门窗洞口剖切得到的平面图称为底层平面图，又称为首层平面图或一层平面图。

沿二层门窗洞口剖切得到的平面图称为二层平面图。

若房屋的中间层相同则用同一个平面图表示，称为标准层平面图。

沿最高一层门窗洞口将房屋切开得到的平面图称为顶层平面图。

将房屋的屋顶直接作水平投影得到的平面图称为屋顶平面图。

有的建筑物还有地下室平面图和设备层平面图等。

识读口诀

平面图里很直观，水平剖切看里面
首层标准和顶层，不同楼层符号全
识读应该大后小，记住建筑长和宽
先看总体轴线间，然后具体到房间
不清楚时结合看，建筑立面和剖面

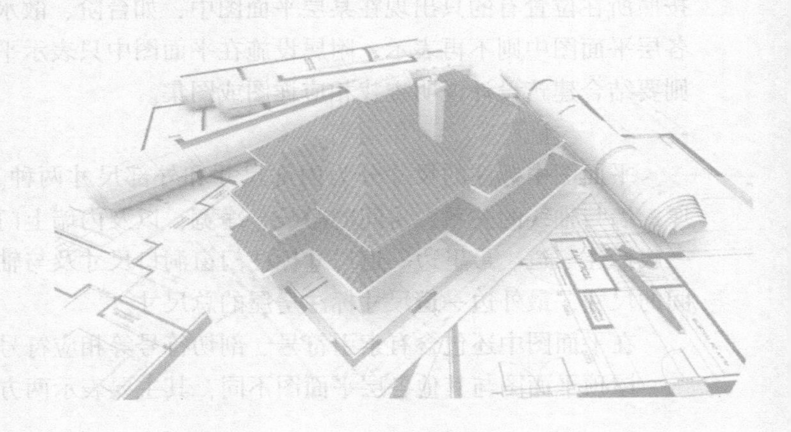

第一节 建筑平面图的内容

建筑平面图的一般内容包括：

1. 建筑物朝向

建筑物朝向是指建筑物主要出入口的朝向，主要出入口朝哪个方向就称建筑物朝哪个方向，建筑物的朝向由指北针来确定，指北针一般只画在底层平面图中。

2. 墙体、柱

在平面图中墙体、柱是被剖切到的部分。墙体、柱在平面图中用定位轴线来确定其平面位置，在各层平面图中定位轴线是对应的。在平面图中剖切到的墙体通常不画材料图例，柱子用涂黑来表示。平面图中还应表示出墙体的厚度（墙体的厚度指的是墙体未包含装修层的厚度）、柱子的截面尺寸及与轴线的关系。

3. 建筑物的平面布置情况

建筑物内各房间的用途，各房间的平面位置及具体尺寸。横向定位轴线之间的距离称为房间的开间，纵向定位轴线之间的距离称为房间的进深。

4. 门窗

在平面图中门窗用图例表示。为了表示清楚通常对门窗进行编号。门用代号“M”表示，窗用代号“C”表示，编号相同的门窗做法、尺寸都相同。在平面图中门窗只能表示出宽度，高度尺寸要到剖面图、立面图或门窗表中查找。

5. 楼梯

由于平面图比例较小，楼梯只能表示出上下方向及级数，详细的尺寸做法在楼梯详图中表示。在平面图中能够表示楼梯间的平面位置、开间、进深等尺寸。

6. 标高

在底层平面图中通常表示出室内地面和室外地面的相对标高。在标准层平面图中，不在同一个高度上的房间都要标出其相对标高。

7. 附属设施

在平面图中还有散水、台阶、雨篷、雨水管等一些附属设施。这些附属设施在平面图中按照所在位置有的只出现在某层平面图中，如台阶、散水等只在底层平面图中表示，在其他各层平面图中则不再表示。附属设施在平面图中只表示平面位置及一些平面尺寸，具体做法则要结合建筑设计说明查找相应详图或图集。

8. 尺寸标注

平面图中标注的尺寸分为内部尺寸和外部尺寸两种。内部尺寸一般标注一道，表示墙厚、墙与轴线的关系，房间的净长、净宽，以及内墙上门窗大小、与轴线的关系。外部尺寸一般标注三道。最里边一道尺寸标注门窗洞口尺寸及与轴线的关系，中间一道尺寸标注轴线间的尺寸，最外边一道尺寸标注房屋的总尺寸。

在平面图中还包含有索引符号、剖切符号等相应符号。

屋顶平面图与其他各层平面图不同，其主要表示两方面的内容。

1）屋面的排水情况，一般包括排水分区、屋面坡度、天沟、雨水口等内容。

2）凸出屋面部分的位置，如女儿墙、楼梯间、电梯机房、水箱、通风道、上人孔等。

第二节 建筑平面图的识读技巧

1）拿到一套建筑平面图后，应从底层看起，先看图名、比例和指北针，了解此张平面图的绘图比例及房屋朝向。

2）在底层平面图上看建筑门厅、室外台阶、花池和散水的情况。

3）看房屋的外形和内部墙体的分隔情况，了解房屋平面形状和房间分布、用途、数量及相互间的联系。

4）看图中定位轴线的编号及其间距尺寸，从中了解各承重墙或柱的位置及房间大小，先记住大致的内容，以便施工时定位放线和查阅图样。

5）看平面图中的内部尺寸和外部尺寸，从各部分尺寸的标注，可以知道每个房间的开间、进深、门窗、空调孔、管道以及室内设备的大小、位置等，不清楚的要结合立面、剖面，一步步地看。

6）看门窗的位置和编号，了解门窗的类型和数量，还有其他构配件和固定设施的图例。

7）在底层平面图上，看剖面的剖切符号，了解剖切位置及其编号。

8）看地面的标高、楼面的标高、索引符号等。

知识扩展

用阿拉伯数字标注工程形体的实际尺寸，它与绘图所用的比例无关。图样上的尺寸单位，除标高及总平面图以“m”为单位外，均以“mm”为单位，图样上的尺寸数字不注写单位。

尺寸数字应注写在尺寸线的中部上方，如没有足够的注写位置，最外边的尺寸数字可注写在尺寸界线的外侧，中间相邻的尺寸数字可错开注写，也可以引出注写，如图 4-1 所示。

水平方向的尺寸，尺寸数字要写在尺寸线的上面，字头朝上；垂直方向的尺寸，尺寸数字写在尺寸线的左侧，字头朝左；倾斜方向的尺寸，尺寸数字的字头朝斜上方注写或引出水平注写，如图 4-2 所示。

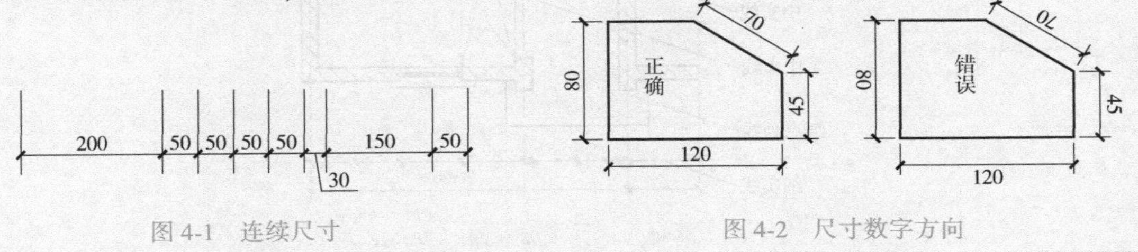

图 4-1 连续尺寸

图 4-2 尺寸数字方向

第三节 建筑平面图的实例识读

一、某小区住宅地下室平面图识读

某小区住宅地下室平面图，如图4-3所示。

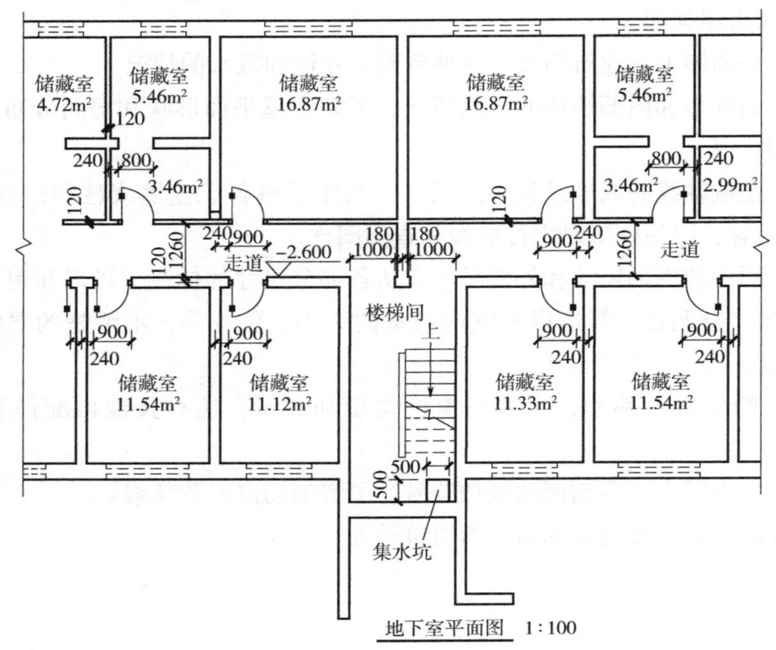

图4-3 某小区住宅地下室平面图

注：地下室所有外墙为370mm砖墙，内墙除注明外均为240mm砖墙。

知识扩展

各种线型在房屋平面图上的用法，如图4-4所示。

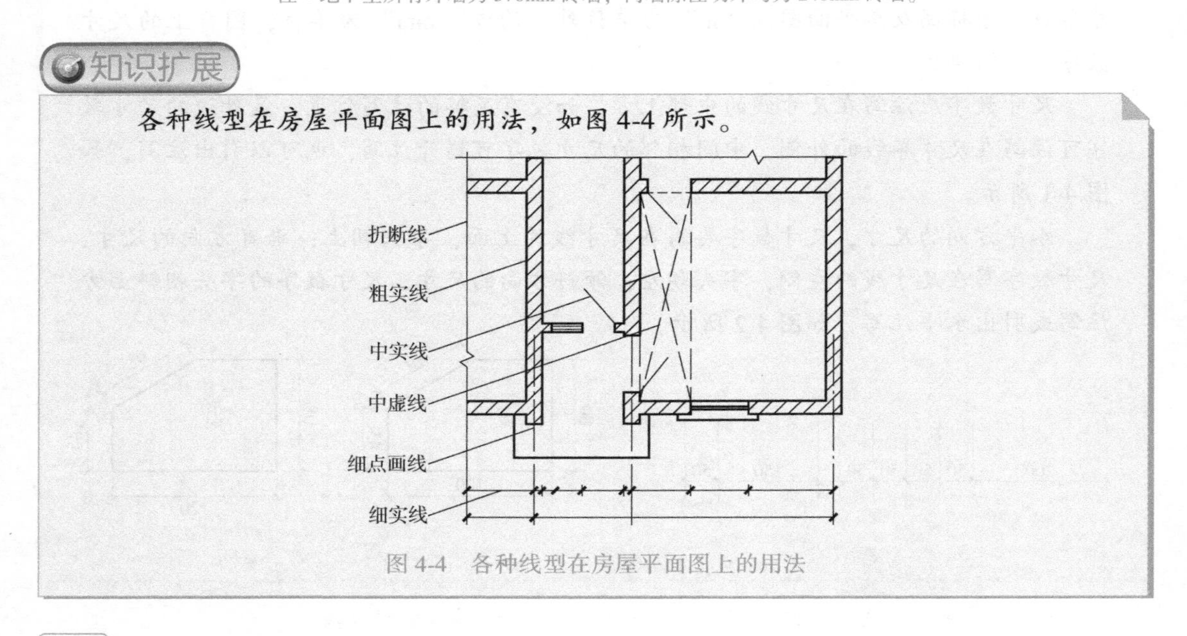

图4-4 各种线型在房屋平面图上的用法

1）看地下室平面图的图名、比例可知，该图为某住宅小区的地下室平面图，比例为 1∶100。

2）从图中可知本楼地下室的室内标高为-2.600m。

3）图注说明了地下室内外墙的建筑材料及厚度。

知识扩展

平面图图线宽度选用示例，如图 4-5 所示。

图线的宽度 b，应根据图样的复杂程度和比例，并按现行国家标准《房屋建筑制图统一标准》（GB/T 50001）的相关规定选用。图线的宽度 b，宜从 1.4mm、1.0mm、0.7mm、0.5mm、0.35mm、0.25mm、0.18mm、0.13mm 线宽系列中选取。

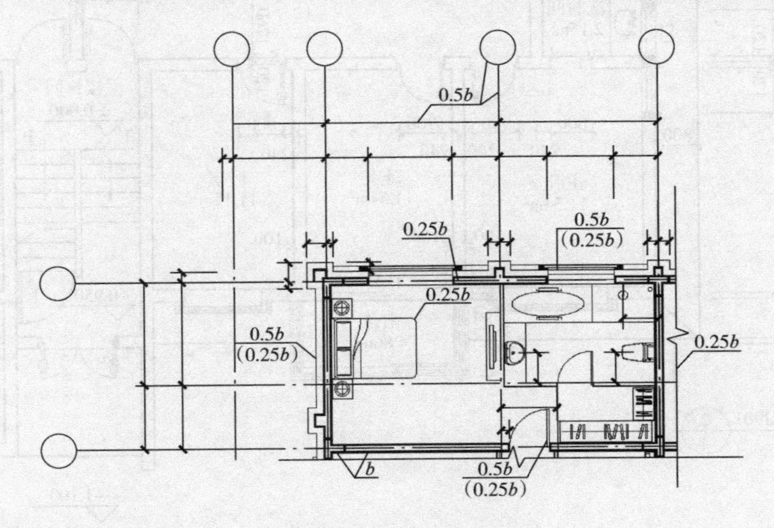

图 4-5 平面图图线宽度选用示例

二、某小区住宅首层平面图识读

某小区住宅首层平面图，如图 4-6 所示。

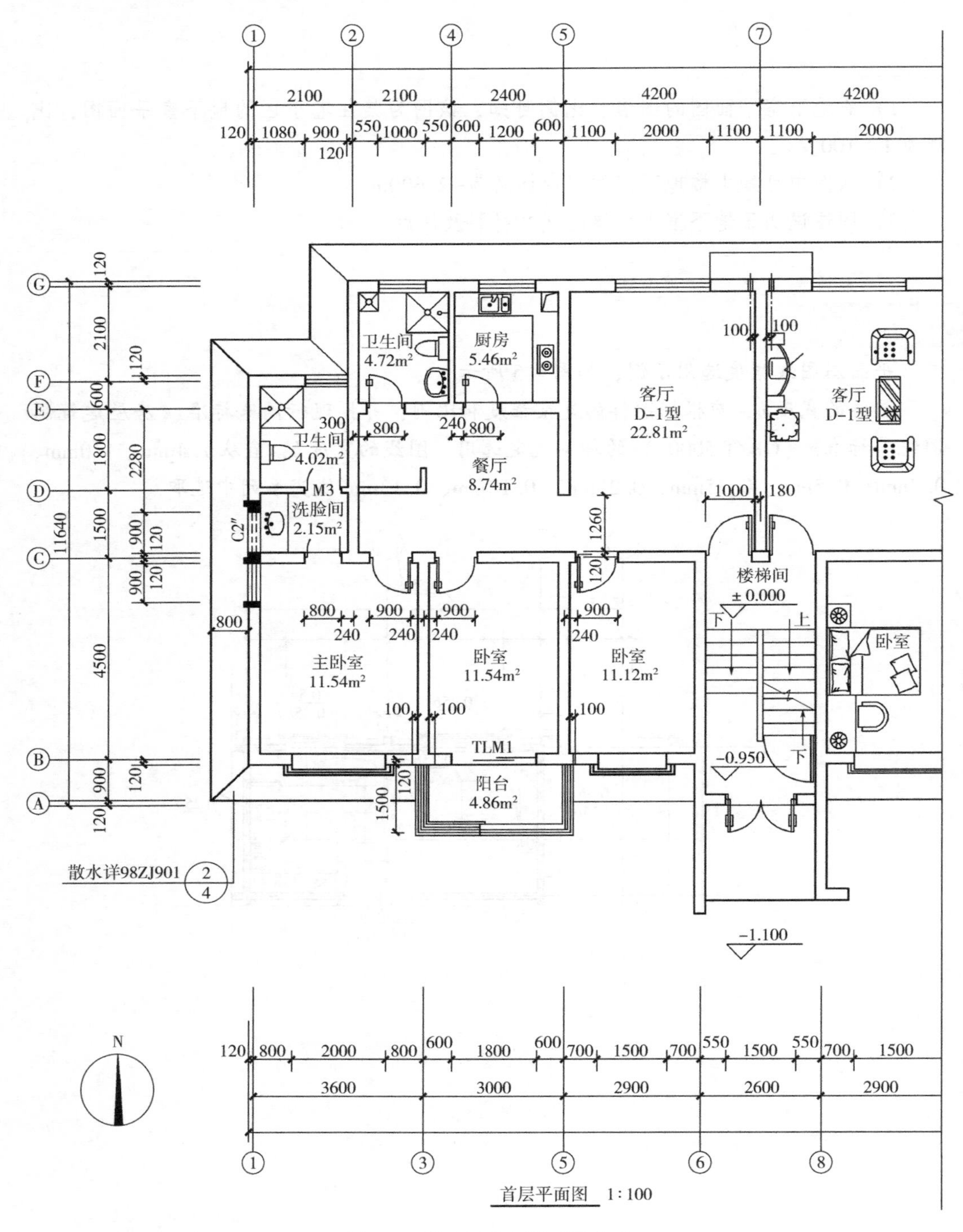

图 4-6 某小区住宅首层平面图

1）看平面图的图名、比例可知，该图为某小区住宅的首层平面图，比例为1∶100。从指北针符号可以看出，该楼的入口朝南。

2）图中标注在定位轴线上的第二道尺寸表示墙体间的距离即房间的开间和进深尺寸，图中已标出每个房间的面积。

3）从图中墙的位置及分隔情况和房间的名称，可以了解到楼内各房间的配置、用途、数量以及相互间的联系情况，图中显示的完整户型中有1个客厅、1个餐厅、1个厨房、2个卫生间、1个洗脸间、1个主卧室、2个次卧室及1个阳台。

4）从图中可知室内标高为0.000m。室外标高为-1.100m。

5）在图的内部还有一些尺寸，这些尺寸表示房间内部门窗的大小和定位以及内部墙的厚度。

6）图中还标注了散水的宽度与位置，散水宽度均为800mm。

7）图注说明了户型放大平面图的图样编号，另见局部大样图的原因是有些房间的布局较为复杂或者尺寸较小，在1∶100的比例下很难看清楚它的详细布置情况，所以需要单独画出来。

知识扩展

图形折断符号

在制图过程中，为了省略画中间部分图样而使用图形折断符号。图形折断符号主要分为以下两种。

1）直线折断。当图形采用直线折断时，其折断符号为折断线，它经过被折断以后的图面，如图4-7a所示。

2）对圆形构件图形的折断采用曲线折断符号，如图4-7b所示。

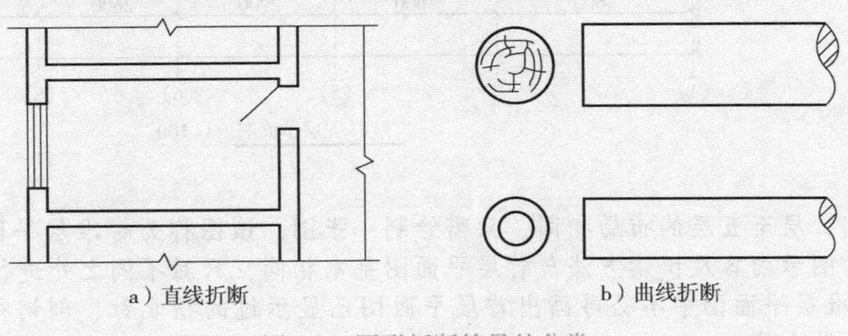

a）直线折断　　b）曲线折断

图4-7　图形折断符号的分类

三、某小区住宅标准层平面图识读

某小区住宅标准层平面图，如图 4-8 所示。

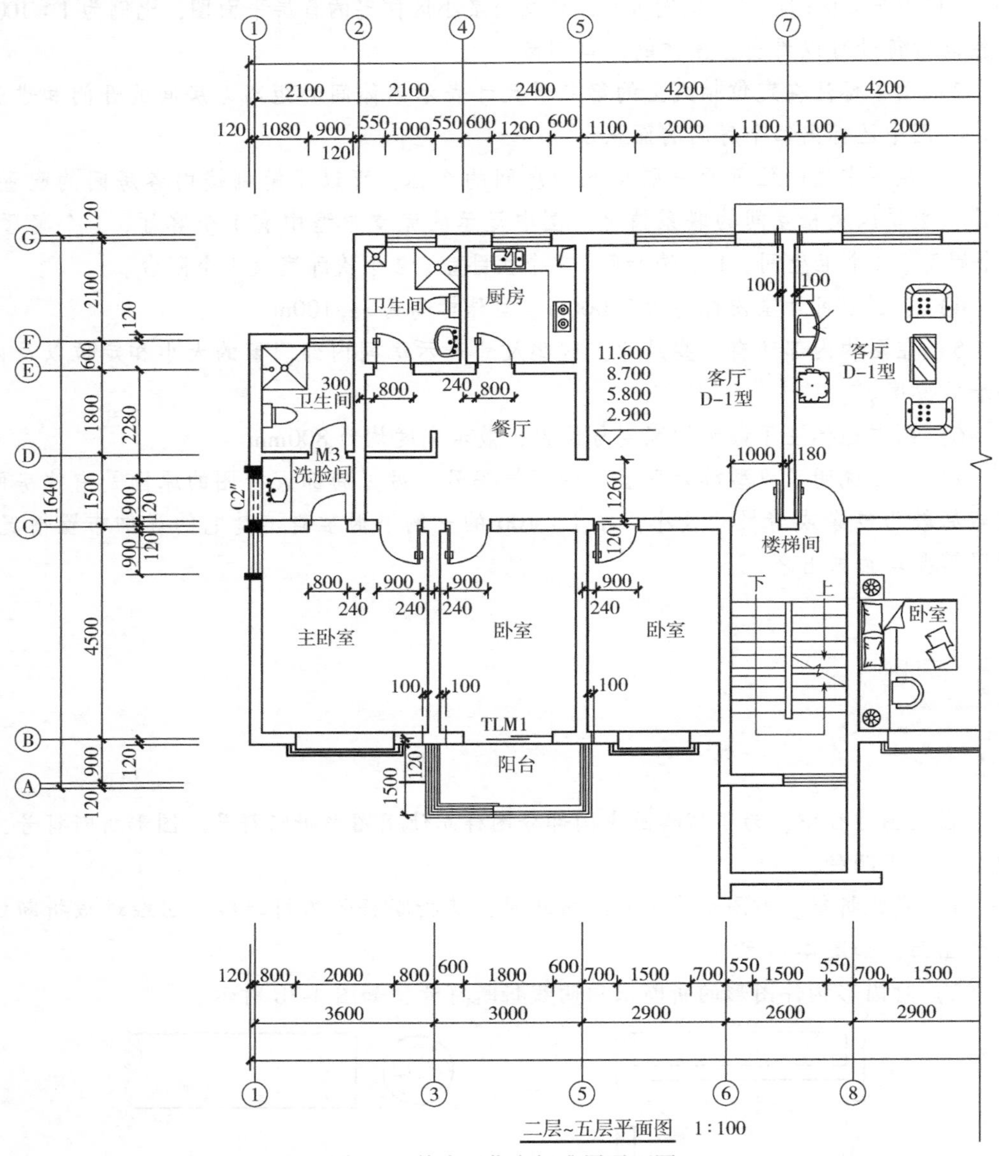

图 4-8 某小区住宅标准层平面图

该住宅二层至五层的布局相同，只需绘制一张图，该图称为标准层平面图。本图中标准层的图示内容及识读方法与首层平面图基本相同，只对不同之处进行讲解：

1）标准层平面图中不必再画出首层平面图已显示过的指北针、剖切符号以及室外地面上的散水等。

2）标准层平面图中⑥~⑧轴线间的楼梯间的 A 轴线处用墙体封堵，并装有窗户。

3）看平面的标高，标准层平面标高改为 2.900m、5.800m、8.700m、11.600m，分别代表二层、三层、四层、五层的相对标高。

四、某小区住宅顶层平面图识读

某小区住宅顶层平面图，如图 4-9 所示。

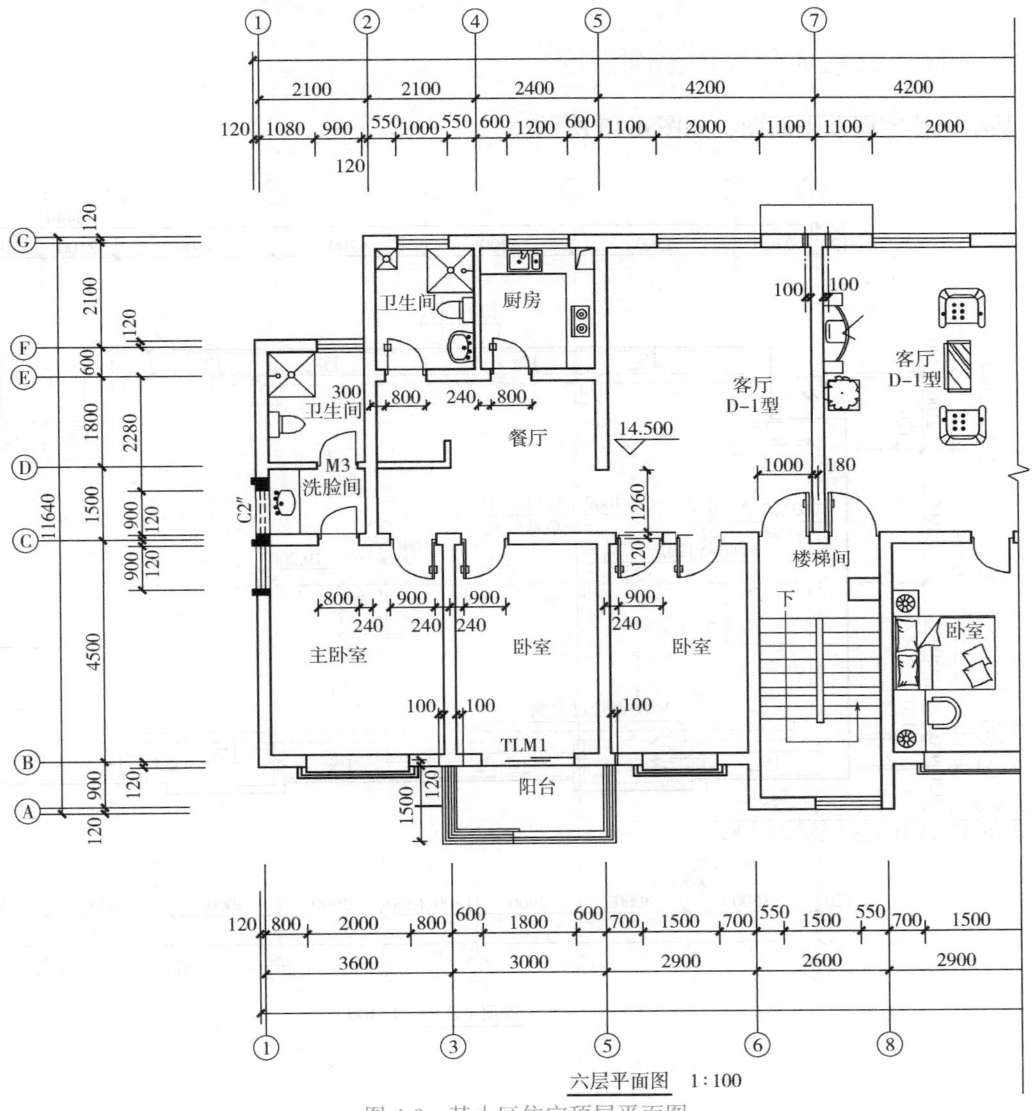

图 4-9 某小区住宅顶层平面图

图中所示的楼层为六层，所以该住宅顶层即为第六层。顶层平面图的图示内容和识读方法与标准平面图基本相同，这里就不再赘述，只对它们的不同之处进行讲解。

1）顶层平面图中⑥~⑧轴线间的楼梯间，梯段不再被水平剖切面剖切，也不再用倾斜 45°的折断线表示，因为已经是房屋的顶层，不再需要上行的梯段，故栏杆直接连接在了⑧轴线的墙体上。

2）看平面的标高，顶层平面标高改为 14. 500m。

五、某小区住宅屋顶平面图识读

某小区住宅屋顶平面图，如图 4-10 所示。

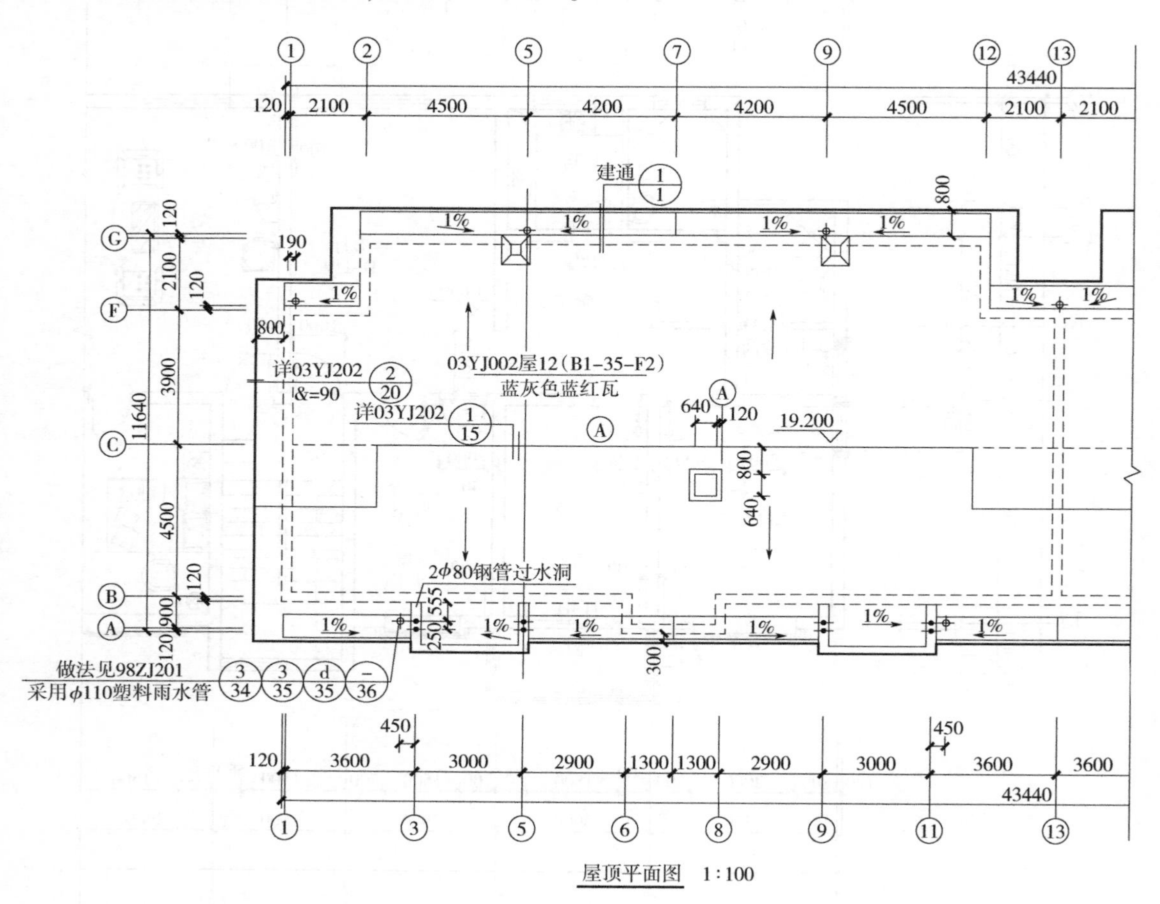

图 4-10 某小区住宅屋顶平面图

1）看屋顶平面图的图名、比例可知，该图比例为 1∶100。
2）顶层平面标高为 19.200m。

知识扩展

台阶是房屋的室内和室外地面联系的过渡构件。其便于人们在房屋大门口处的出入。台阶一般是根据室内外地面的高差做成若干级踏步和一块小的平台，其形式有如图 4-11 所示的几种。台阶可以用砖砌成后做面层，可以用混凝土浇筑成，也可以用石材铺砌成。面层可以做成最普通的水泥砂浆，也可做成水磨石、磨光花岗石、防滑地面砖和斩细的天然石材。

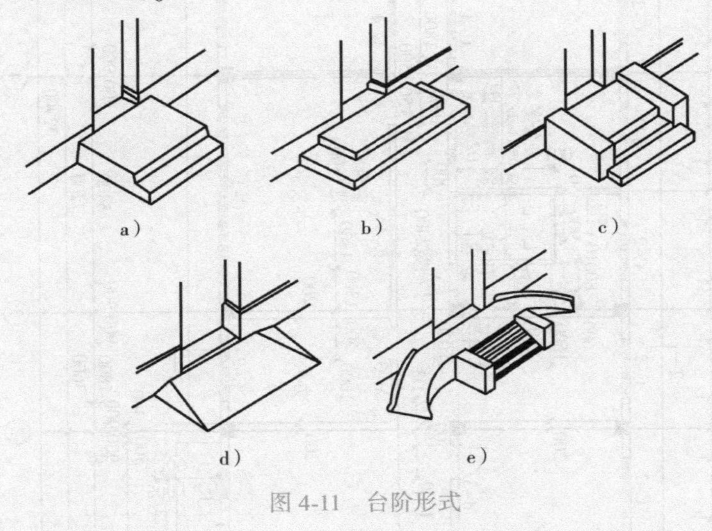

图 4-11 台阶形式

六、某政府办公楼首层平面图识读

某政府办公楼首层平面图，如图 4-12 所示。

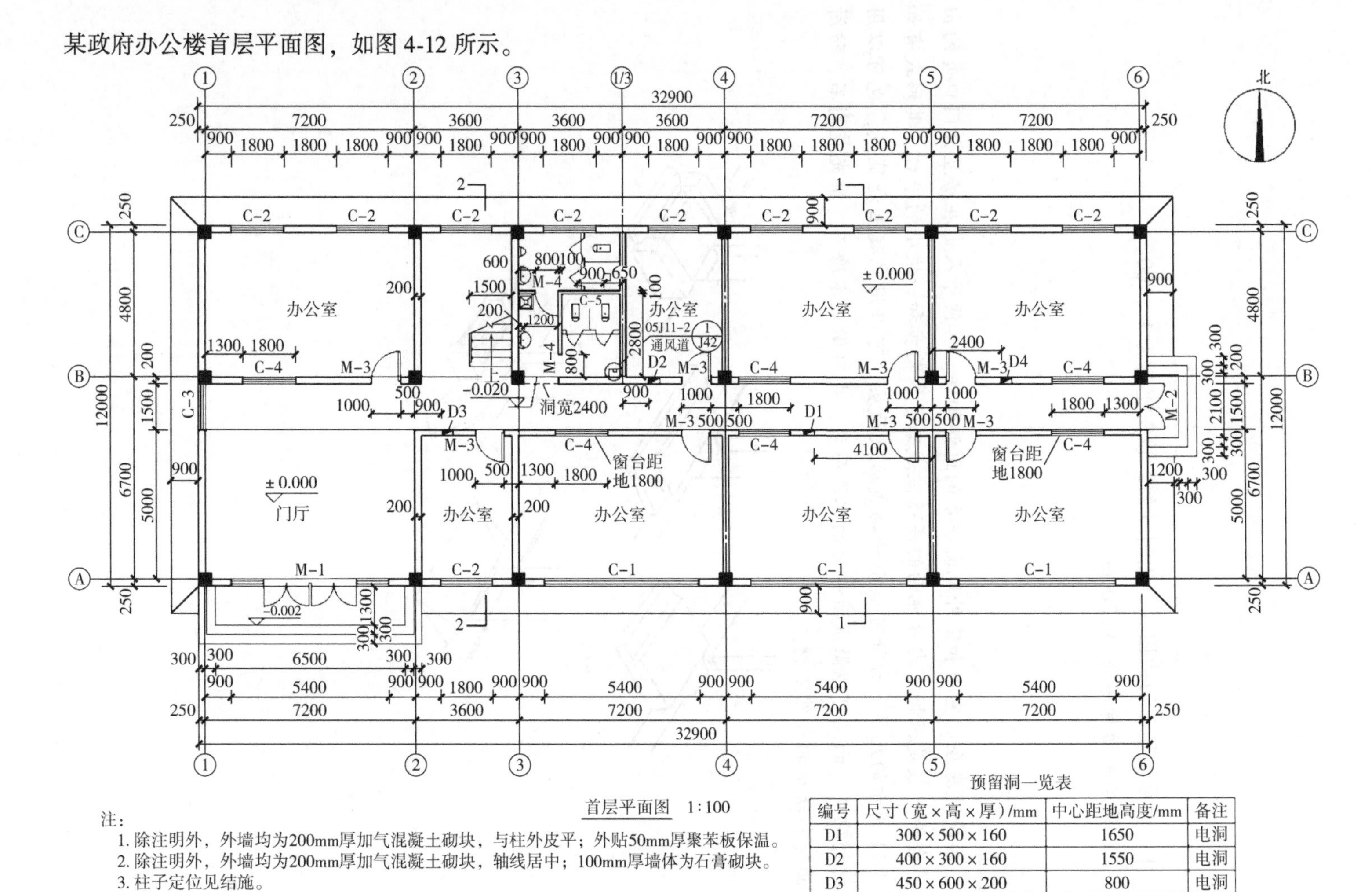

注：

1. 除注明外，外墙均为200mm厚加气混凝土砌块，与柱外皮平；外贴50mm厚聚苯板保温。
2. 除注明外，外墙均为200mm厚加气混凝土砌块，轴线居中；100mm厚墙体为石膏砌块。
3. 柱子定位见结施。

预留洞一览表

编号	尺寸（宽×高×厚）/mm	中心距地高度/mm	备注
D1	300×500×160	1650	电洞
D2	400×300×160	1550	电洞
D3	450×600×200	800	电洞
D4	300×400×160	700	电洞

图4-12　某政府办公楼首层平面图

1）该图为某政府办公楼的一层平面图，比例为 1∶100。从指北针符号可以看出，该楼的朝向是背面朝北，主入口朝南。

2）已知本楼为框架结构，图中给出了平面柱网的布置情况，框架柱在平面图中用填黑的矩形块表示，图中主要定位轴线标注位置为各框架柱的中心位置，横向轴线为①~⑥，竖向轴线为Ⓐ~Ⓒ，在横向③轴线右侧有一附加轴线1/3。图中标注在定位轴线上的第二道尺寸表示框架柱轴线间的距离，即房间的开间和进深尺寸，可以确定各房间的平面大小。如图中北侧正对门厅的办公室，其开间尺寸为 7.2m，即①、②轴之间的尺寸，进深尺寸为 4.8m，即Ⓑ、Ⓒ轴之间的尺寸。

3）从图中墙的位置及分隔情况和房间的名称，可以了解到楼内各房间的配置、用途、数量以及相互间的联系情况，底层有 1 个门厅，8 个办公室，2 个卫生间，1 个楼梯间。从西南角的大门进入为门厅，门厅正对面为 1 间办公室，右转为走廊，走廊北侧紧挨办公室为楼梯间，旁边为卫生间，东面是 3 间办公室，走廊的南面为 4 间办公室，其中正对楼梯为 1 间小面积办公室。走廊的尽头，即在该楼房的东侧有 1 个应急出入口。

4）建筑物的占地面积为首层外墙外边线所包围的面积，该尺寸为尺寸标注中的第一道尺寸，图中可知本楼长 32.9m，宽 12m，占地总面积 394.8m^2，室内标高为 0.000m。

5）南侧的房间与走廊之间没有框架柱，只有内墙分隔。图中第三道尺寸表示各细部的尺寸，表示外墙窗和窗间墙的尺寸，以及出入口部位门的尺寸等。图中在外墙上有 3 种形式的窗，它们的代号分别为 C-1、C-2、C-3。C-1 窗洞宽为 5.4m，为南侧 3 个大办公室的窗；C-2 窗洞宽为 1.8m，主要位于北侧各房间的外墙上，以及南侧小办公室的外墙上；C-3 窗洞宽为 1.5m，位于走廊西侧尽头的墙上。除北侧 3 个大办公室以及附加定位轴线处两窗之间距离为 1.8m，西侧 C-3 窗距离Ⓑ轴 200mm 外，其余与轴线相邻部位窗到轴线距离均为 900mm。门有两处，正门代号为 M-1，东侧的小门为 M-2。M-1 门洞宽 5.4m，边缘距离两侧轴线 900mm；M-2 门洞宽 1.5m。

6）各办公室都有门，该门代号为 M-3，门洞宽为 1m，门洞边缘距离墙中线均为 500mm，6 个大办公室走廊两侧的墙上均留有一高窗，代号为 C-4，窗洞宽 1.8m，距离相邻轴线 500mm 或 1300mm 不等，高窗窗台距地面高度为 1.8m。图中还可以在内墙上看到 D1 ~ D4 四个预留洞，并且给出了各预留洞的定位尺寸，在“预留洞一览表”中给出了各预留洞的尺寸大小，中心距地高度，备注中说明这四个预留洞均为电洞。在卫生间部位给出的尺寸比较多，这些尺寸为卫生间内分隔的定位尺寸，卫生间内用到了 M-4 和 C-5，另有一通风道，通风道的形式需要查找 05 系列建筑标准设计图集 05J11-2 册 J42 图的 1 详图。为表示清楚门窗统计表，图中也将其内容列出，图中除门窗的统计表外还给出了门窗的详细尺寸。

7）该办公楼门厅处地坪的标高定为零点。卫生间地面标高是-0.020m，表示该处地面比门厅地面低 20mm。正门台阶顶面标高为-0.002m，表示该位置比门厅地面低 2mm。

8）图中④、⑤轴线间和②、③轴线间分别标明了剖切符号 1—1 和 2—2，表示建筑剖面图的剖切位置（图中未示出），剖视方向向左，以便与建筑剖面图对照查阅。

9）图中还标注了室外台阶和散水的大小与位置。正门台阶长 7.7m，宽 1.9m，每层台阶面宽均为 300mm，台阶顶面长 6.5m，宽 1.3m。室外散水均为 900mm。

七、某政府办公楼二层平面图识读

某政府办公楼二层平面图，如图 4-13 所示。

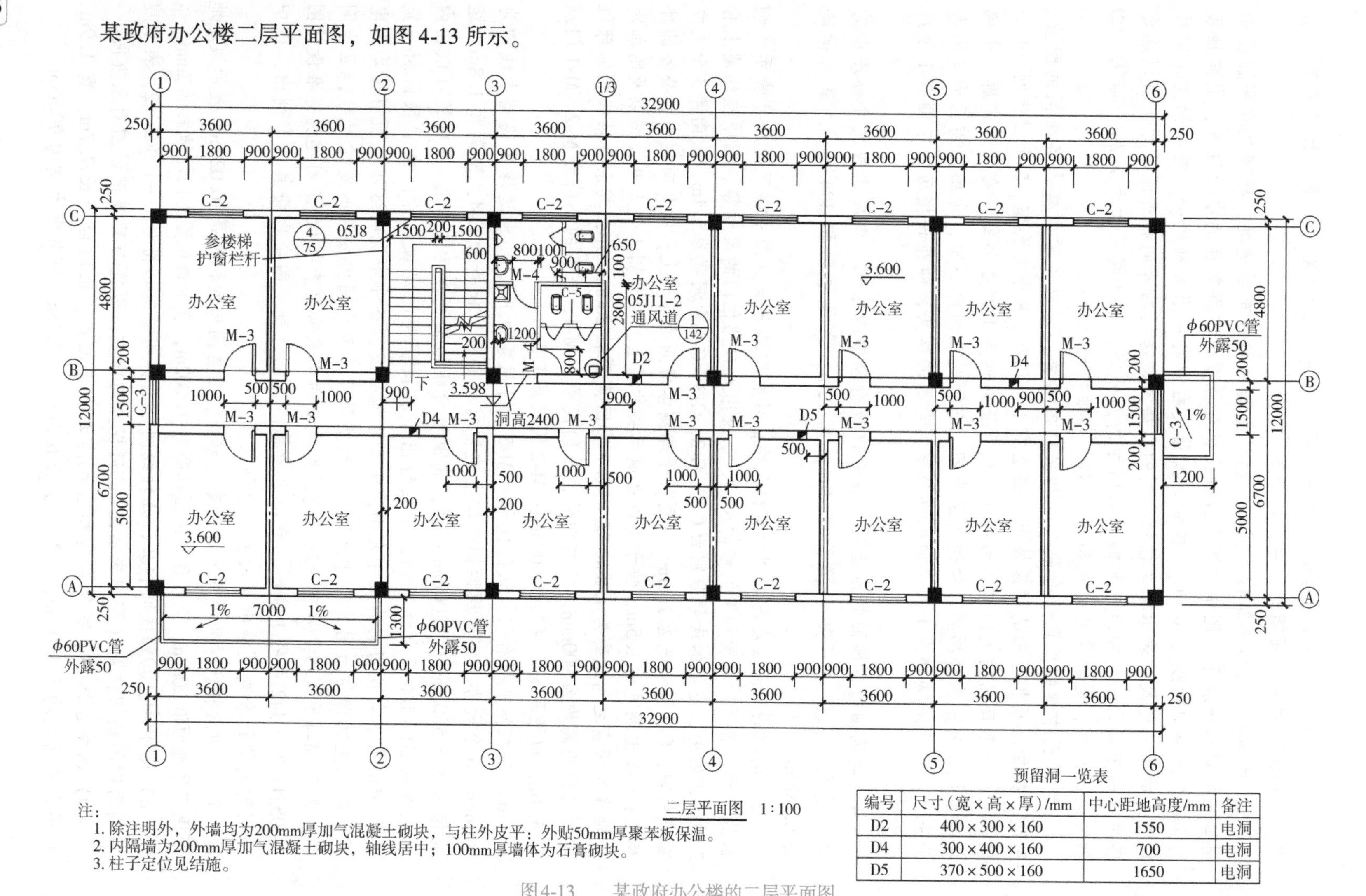

注：
1. 除注明外，外墙均为200mm厚加气混凝土砌块，与柱外皮平；外贴50mm厚聚苯板保温。
2. 内隔墙为200mm厚加气混凝土砌块，轴线居中；100mm厚墙体为石膏砌块。
3. 柱子定位见结施。

预留洞一览表

编号	尺寸（宽×高×厚）/mm	中心距地高度/mm	备注
D2	400×300×160	1550	电洞
D4	300×400×160	700	电洞
D5	370×500×160	1650	电洞

图 4-13　某政府办公楼的二层平面图

二层平面图的图示内容及识读方法与首层平面图基本相同，只针对它们的不同之处进行讲解。

1）二层平面图中不必再画出一层平面图已显示过的指北针、剖切符号以及室外地面上的散水等。

2）首层平面图中②、③轴线间设有台阶，在二层相应位置应设有栏板。

3）首层平面图中的大办公室及门厅在二层平面图中改为了开间为 3.6m 的办公室。楼梯间的梯段仍被水平剖切面剖断，用倾斜 45°的折断线表示，但折断线改为了两根，因为它剖切的不只是上行的梯段，在二层还有下行的梯段，下行的梯段完整存在，并且还有部分踏步与上行的部分踏步投影重合。

4）二层平面图中南侧的窗有了较大变动。C-1 型号的窗都改为了 C-2，数量也相应增加。

5）看平面的标高，二层平面标高改为 3.600m。

6）图注说明了内外墙的建筑材料。

知识扩展

比例尺

建筑物形体庞大，绘制建筑图采用缩小的比例，为避免计算，绘图时采用比例尺，如三棱尺上有六种比例，下面介绍比例尺的用法，例如 1∶500 的刻度可作 1∶50、1∶5 的比例使用，如图 4-14 所示。

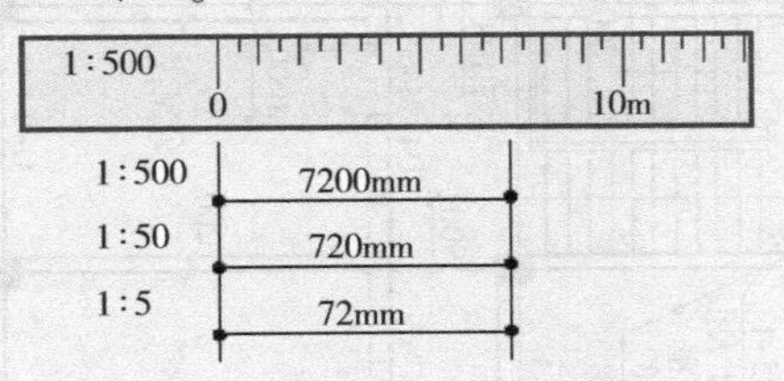

图 4-14 比例尺读法（以 1∶500 为例）

八、某政府办公楼三层平面图识读

某政府办公楼三层平面图，如图 4-15 所示。

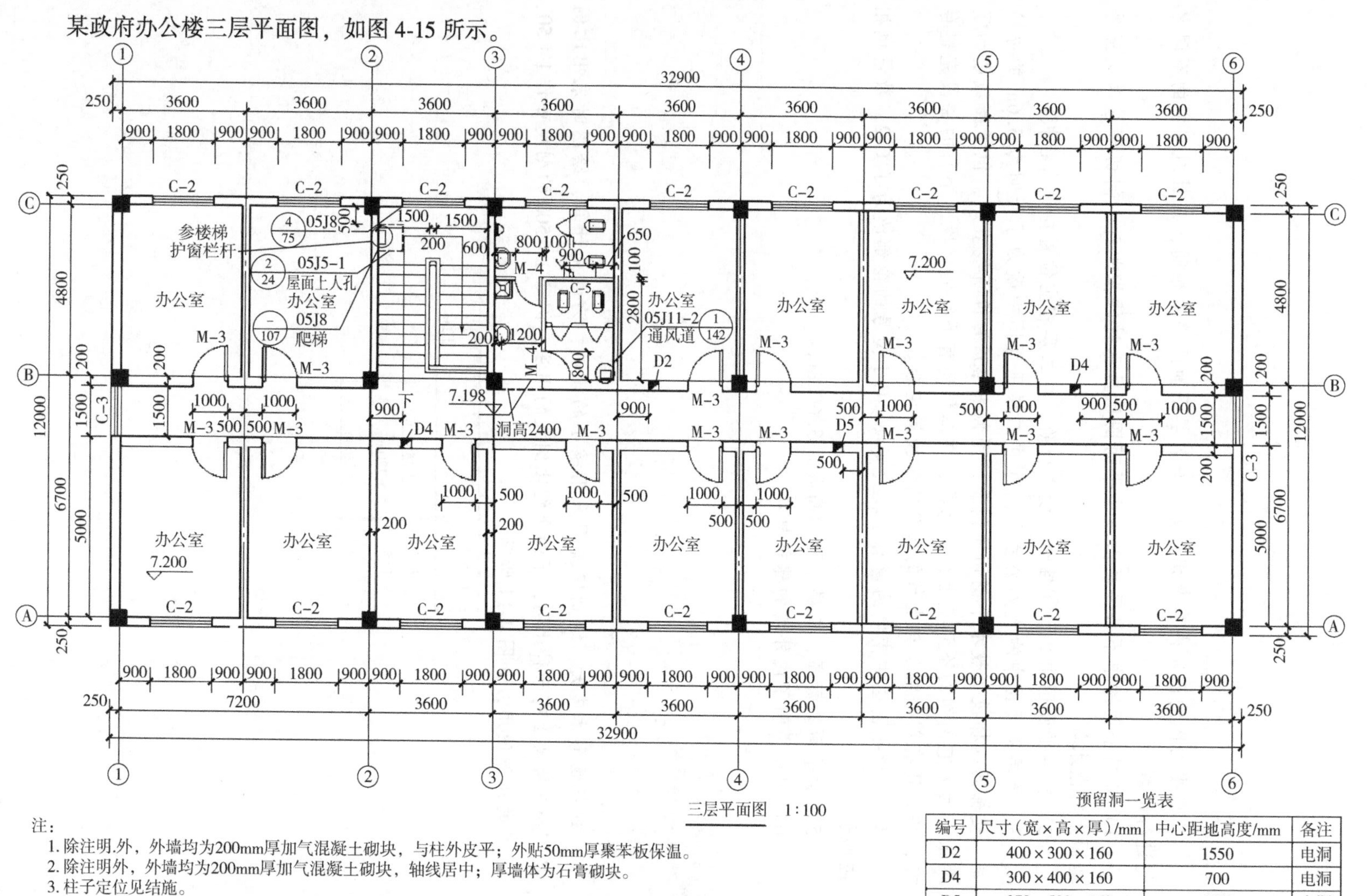

注：
1. 除注明.外，外墙均为200mm厚加气混凝土砌块，与柱外皮平；外贴50mm厚聚苯板保温。
2. 除注明外，外墙均为200mm厚加气混凝土砌块，轴线居中；厚墙体为石膏砌块。
3. 柱子定位见结施。

预留洞一览表

编号	尺寸（宽×高×厚）/mm	中心距地高度/mm	备注
D2	400×300×160	1550	电洞
D4	300×400×160	700	电洞
D5	370×500×160	1650	电洞

图 4-15　某政府办公楼三层平面图

三层平面图的图示内容和识读方法与二层平面图基本相同，这里就不再赘述，只针对其不同之处进行讲解。

1）三层为该建筑的顶层，三层平面图中②、③轴线间的楼梯间，梯段不再被水平剖切面剖切，也不再用倾斜45°的折断线表示，因为它已经到了房屋的顶层，不再需要上行的梯段，故Ⓑ轴线的栏杆直接连接③轴线的墙体。

2）看平面的标高，三层平面标高改为7.200m。

3）图注说明了内外墙的建筑材料。

知识扩展

内视符号，如图4-16~图4-18所示。

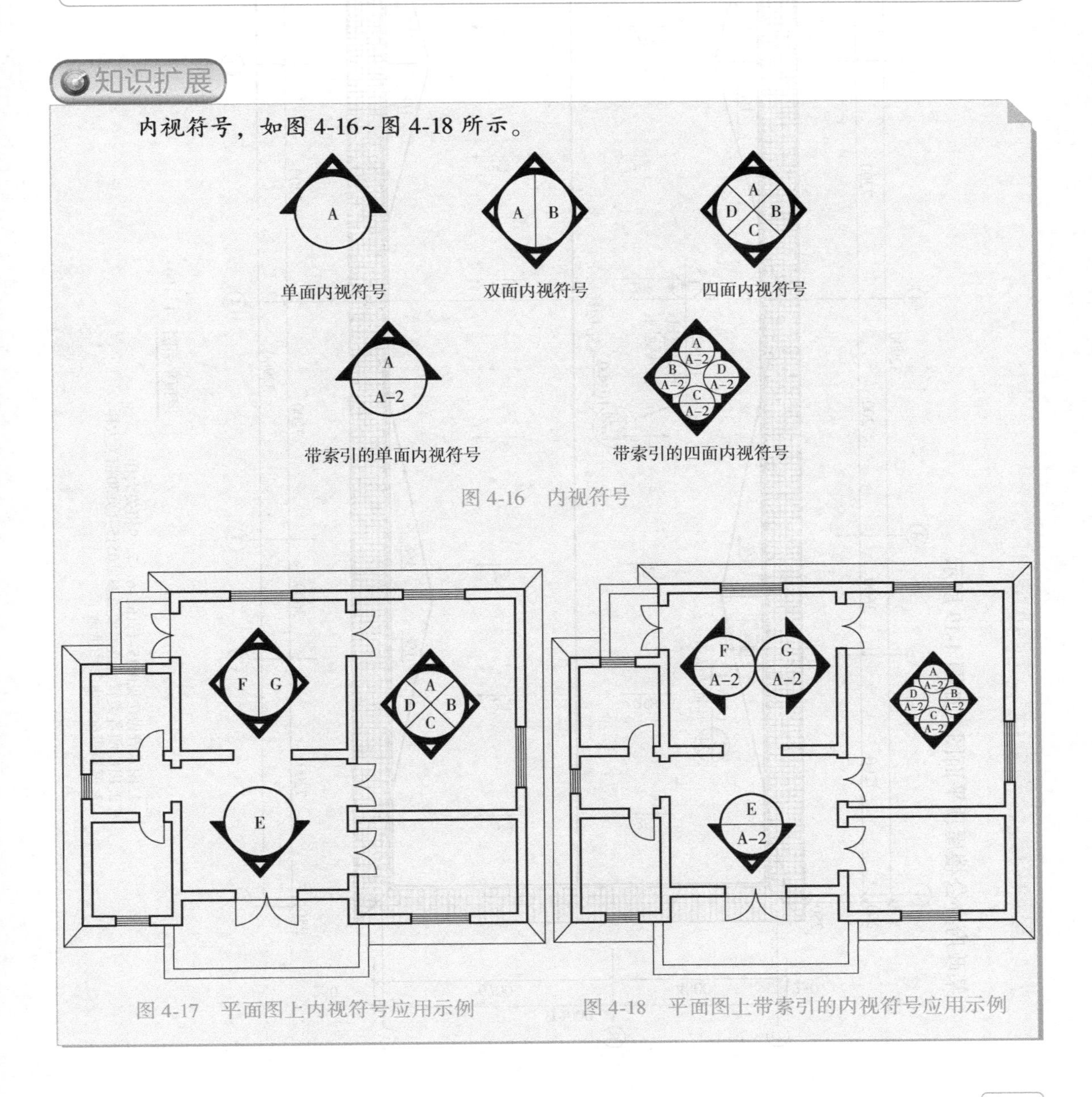

图4-16 内视符号

图4-17 平面图上内视符号应用示例

图4-18 平面图上带索引的内视符号应用示例

九、某政府办公楼屋顶平面图识读

某政府办公楼屋顶平面图，如图 4-19 所示。

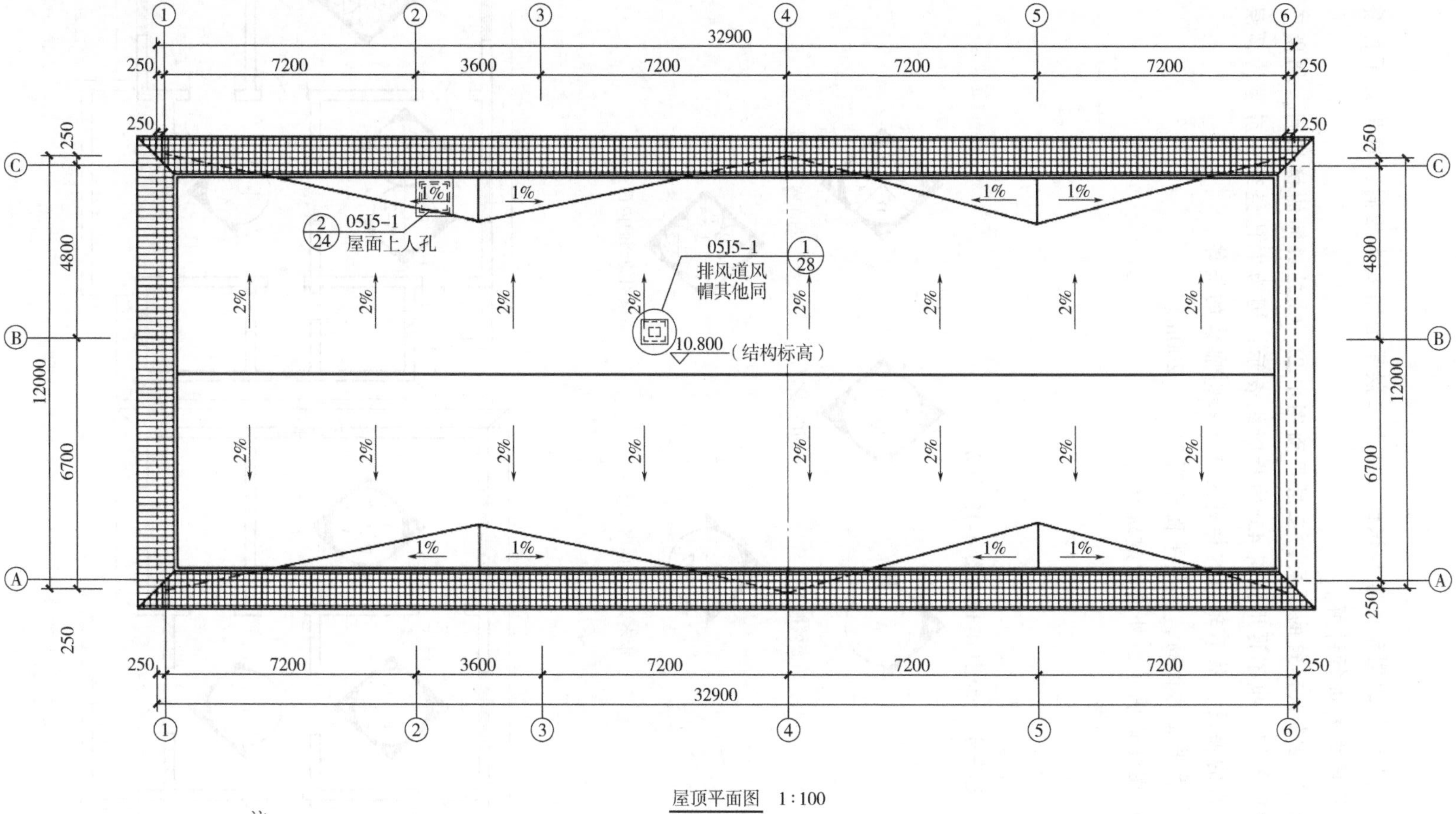

05J5-1 屋面上人孔 (2/24)

05J5-1 排风道风帽其他同 (1/28)

10.800（结构标高）

屋顶平面图 1:100

注：
1. 雨水管做法见05J5-1页62-6、7、9相关大样。
2. 出屋面各类管道泛水做法参见05J5-1页30相关大样。
3. 避雷带配合电气图纸施工。

图 4-19 某政府办公楼屋顶平面图

1）看屋顶平面图的图名、比例可知，该图比例为 1∶100。

2）屋顶的排水情况，南北方向设置一个双向坡，坡度 2%，东西方向设置 4 处向雨水管位置排水的双向坡，坡度 1%。屋顶另有上人孔一处、排风道一处，详图可参见建筑标准设计图集。

3）水管做法、出屋面各类管道泛水做法、接闪带做法见图下方所附图注。

知识扩展

标注坡度的方法，如图 4-20 所示。

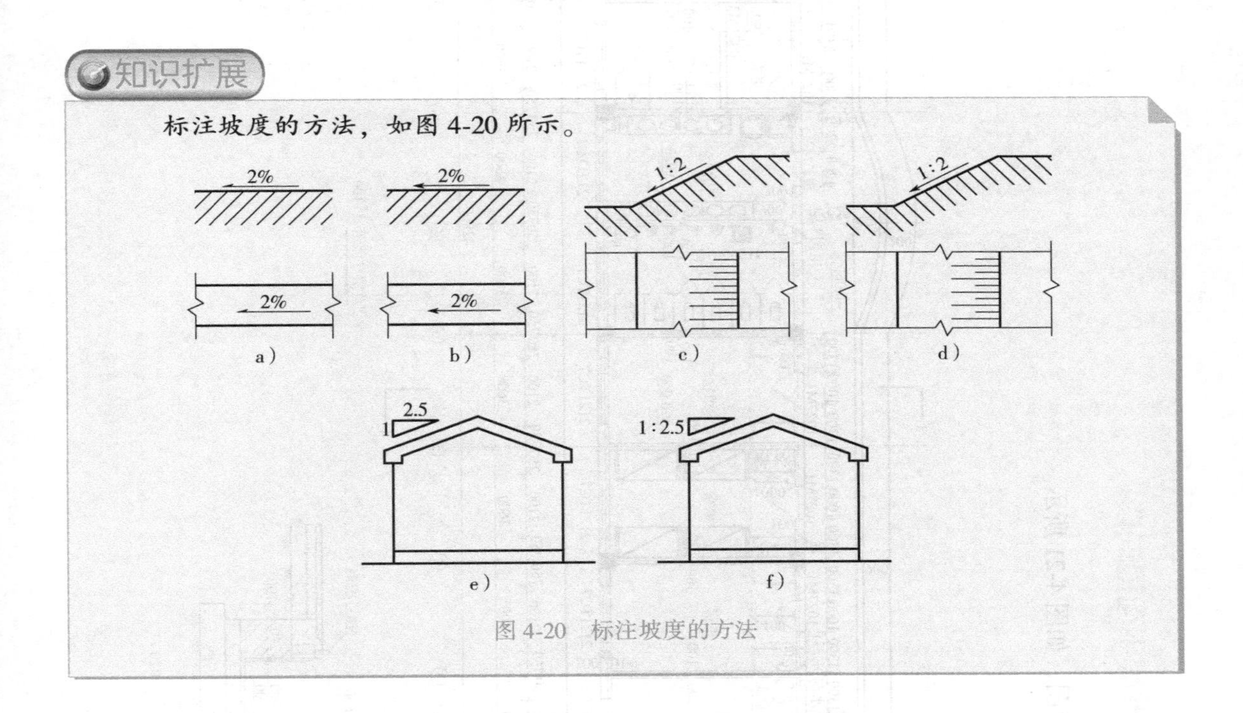

图 4-20　标注坡度的方法

十、某公司宿舍楼首层平面图识读

某公司宿舍楼首层平面图，如图 4-21 所示。

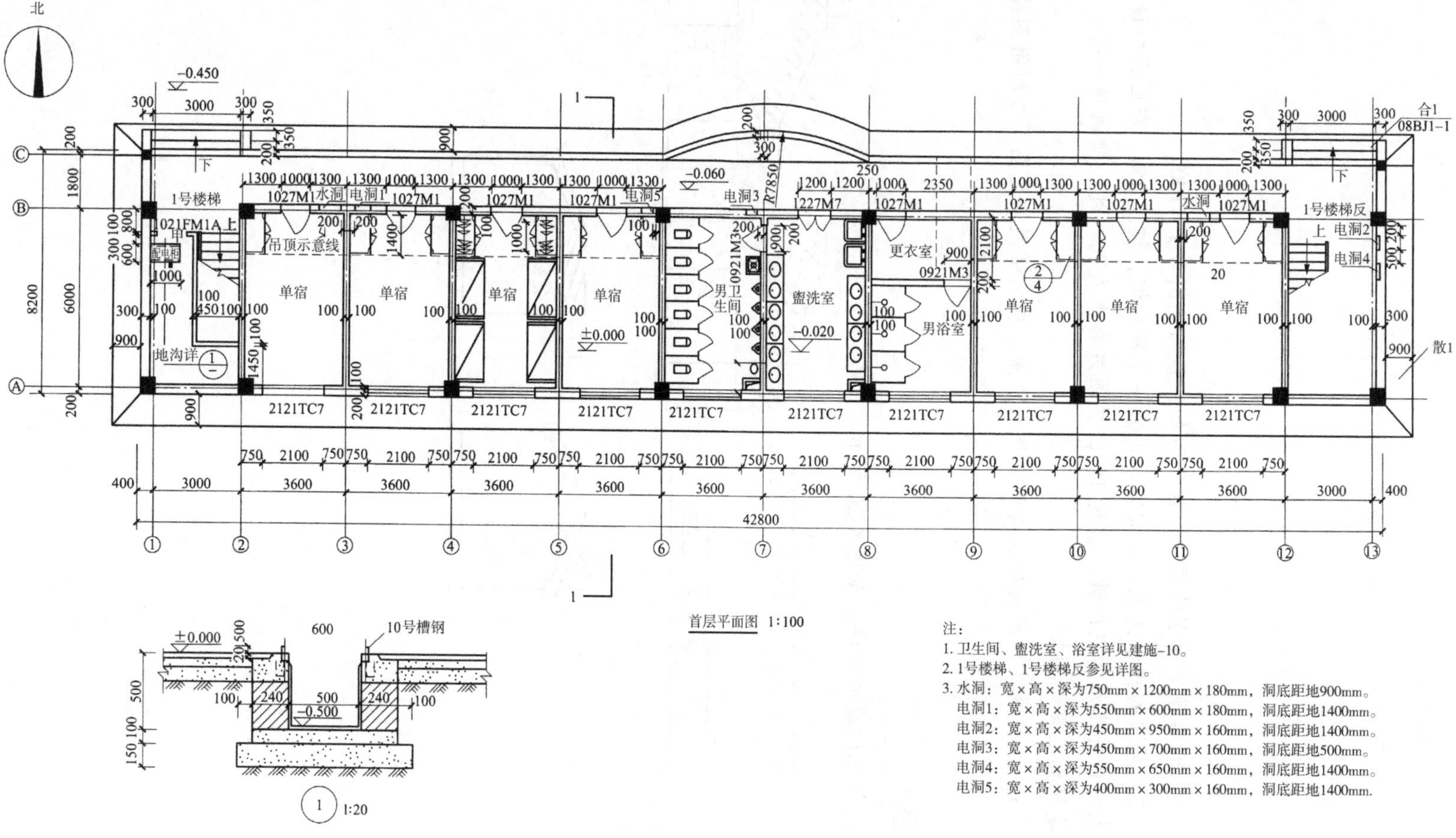

图4-21　某公司宿舍楼首层平面图

通过某公司宿舍楼首层平面图，可以得到以下信息：

1）该图图名为首层平面图，比例为1∶100。

2）横向定位轴线从①轴到⑬轴共13个轴线，轴线间距除楼梯间为3000mm外，其余均为3600mm；纵向定位轴线从Ⓐ轴到Ⓒ轴共3个轴线，轴线间距分别为6000mm、1800mm。定位轴线确定了柱子的位置，如①轴与Ⓐ、Ⓑ轴的交点处有承重柱（图中涂黑的矩形）。

3）内横墙（如②、③轴等）的墙体厚度为200mm，轴线居中布置，墙体长度从Ⓐ轴到Ⓑ轴；①、⑬轴外墙厚300mm，墙体外侧与柱外侧平齐，墙体内侧距轴线100mm，墙体长度从Ⓐ轴到Ⓒ轴；Ⓐ轴外墙厚300mm，轴线偏心布置，轴线外侧200mm厚、内侧100mm厚，墙体长度从①轴到⑬轴；Ⓑ轴外墙墙厚仍为300mm，墙体长度从②轴到⑫轴。

4）首层布置有7间宿舍。每间宿舍均在Ⓑ轴墙体上开设了门，门的代号为1027M1，门洞宽1000mm，高2700mm，洞边距轴线为1300mm；在Ⓐ轴墙上开设了窗，窗的代号为2121TC7，窗洞宽2.1m，高也是2.1m，洞边距轴线为750mm，地面标高为±0.000m。

5）图样标明了⑥、⑦、⑧轴之间布置有盥洗室和男卫生间，在Ⓑ轴墙体上开设了门，门的代号为1227M7，表示门洞宽1200mm，高2700mm，洞边距轴线为1200mm。盥洗室两侧布置有盥洗台和墩布池，地面标高为-0.020m。⑦轴墙体上开设了代号为0921M3的门，门洞宽900mm，高2100mm，门洞边距Ⓑ轴墙内侧为200mm。通过这扇门可进入卫生间，卫生间布置有蹲坑、小便池和通风道等。

6）图样标明了⑧、⑨轴之间布置的是男浴室。在Ⓑ轴墙体上开设了一道门，代号为1027M1，洞边距⑧轴轴线250mm。内设一道200mm厚的隔墙，划分出更衣室。走廊在Ⓑ、Ⓒ轴之间，轴线间距为1800mm，沿Ⓒ轴设置栏板，⑥~⑧轴之间为圆弧形，走廊地面标高为-0.060m。建筑物的出入口设置在两侧，通过下3步台阶可到达室外。台阶面宽350mm、长3000mm，室外标高为-0.450m。

7）沿建筑物四周布置有散水，散水宽度为900mm。

8）图样标明了在⑤、⑥轴之间有剖切符号，剖面图编号为1—1。

9）图样标明了在①、②轴和⑫、⑬轴之间各有一楼梯间。

10）图样标明了在①轴内侧设有一配电柜，配电柜的地沟做法通过索引符号表示另有详细图示。

十一、某公司宿舍楼二层平面图识读

某公司宿舍楼二层平面图，如图 4-22 所示。

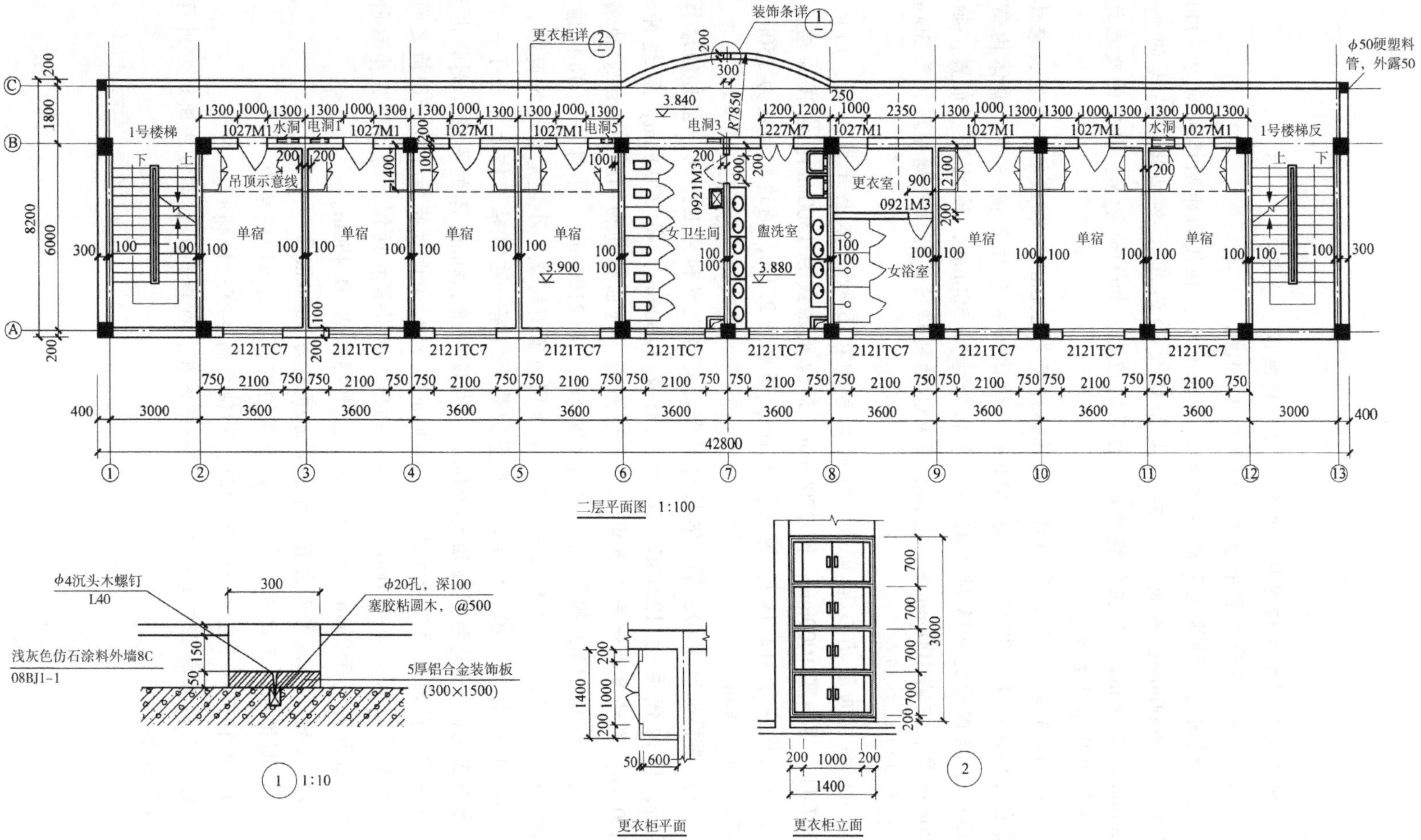

更衣柜详 2
装饰条详 1
ϕ50硬塑料管，外露50
200 300 R7850 250
3.840
1300 1000 1300 1300 1000 1300 1300 1000 1300 1300 1000 1300 1200 1200 1000 2350 1300 1000 1300 1300 1000 1300 1300 1000 1300
1号楼梯 1027M1 水洞 电洞1 1027M1 1027M1 1027M1 电洞5 电洞3 1227M7 1027M1 1027M1 1027M1 水洞 1027M1 1号楼梯反
下 上 吊顶示意线 200 200 1400 100 200 100 200 900 200 更衣室 900 2100 0921M3 0921M3 200 200 上 下
单宿 单宿 单宿 单宿 女卫生间 盥洗室 女浴室 单宿 单宿 单宿
300 100 100 100 100 100 100 100 100 100 100 100 100 100 100 100 100 100 100 100 100 100 100 100 100 100 300
3.900 3.880
2121TC7 2121TC7 2121TC7 2121TC7 2121TC7 2121TC7 2121TC7 2121TC7 2121TC7 2121TC7
750 2100 750 750 2100 750 750 2100 750 750 2100 750 750 2100 750 750 2100 750 750 2100 750 750 2100 750 750 2100 750 750 2100 750
400 3000 3600 3600 3600 3600 3600 3600 3600 3600 3600 3600 3000 400
42800
200 1800 6000 200 8200
Ⓒ Ⓑ Ⓐ
① ② ③ ④ ⑤ ⑥ ⑦ ⑧ ⑨ ⑩ ⑪ ⑫ ⑬

二层平面图 1:100

ϕ4沉头木螺钉 L40
300
ϕ20孔，深100 塞胶粘圆木，@500
浅灰色仿石涂料外墙8C 08BJ1-1
150 50
5厚铝合金装饰板 (300×1500)

1 1:10

200 1000 200 1400 50 600

更衣柜平面

700 700 700 700 200 3000
200 1000 200 1400

2

更衣柜立面

图 4-22 某公司宿舍楼二层平面图

通过某公司宿舍楼二层平面图，可以得到以下信息：

1）该图为二层平面图，房间布置同首层平面图。

2）识读时注意楼层标高、女卫生间设备的变化。本页详图表示更衣柜、走廊栏板上装饰条的做法，详图①为装饰条的详细做法，详图②为更衣柜的详细做法。

知识扩展

平面图图线宽度选用示例，如图 4-23 所示。

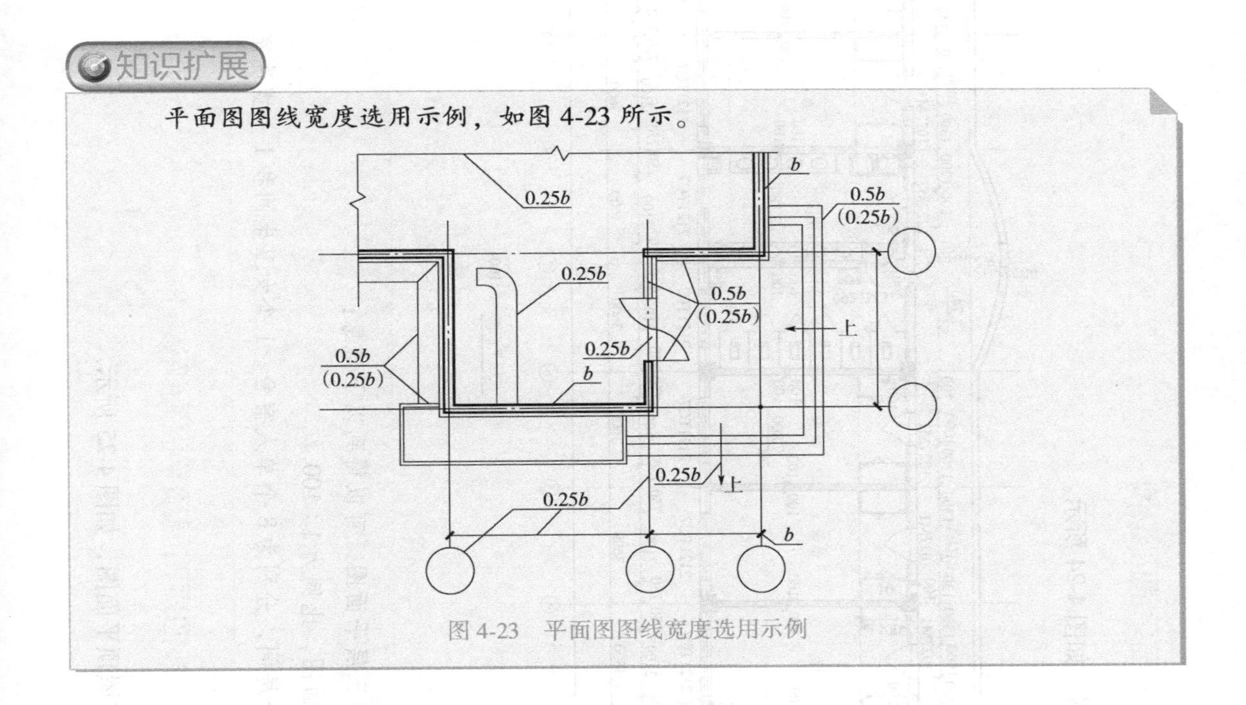

图 4-23 平面图图线宽度选用示例

十二、某公司宿舍楼三层平面图识读

某公司宿舍楼三层平面图，如图 4-24 所示。

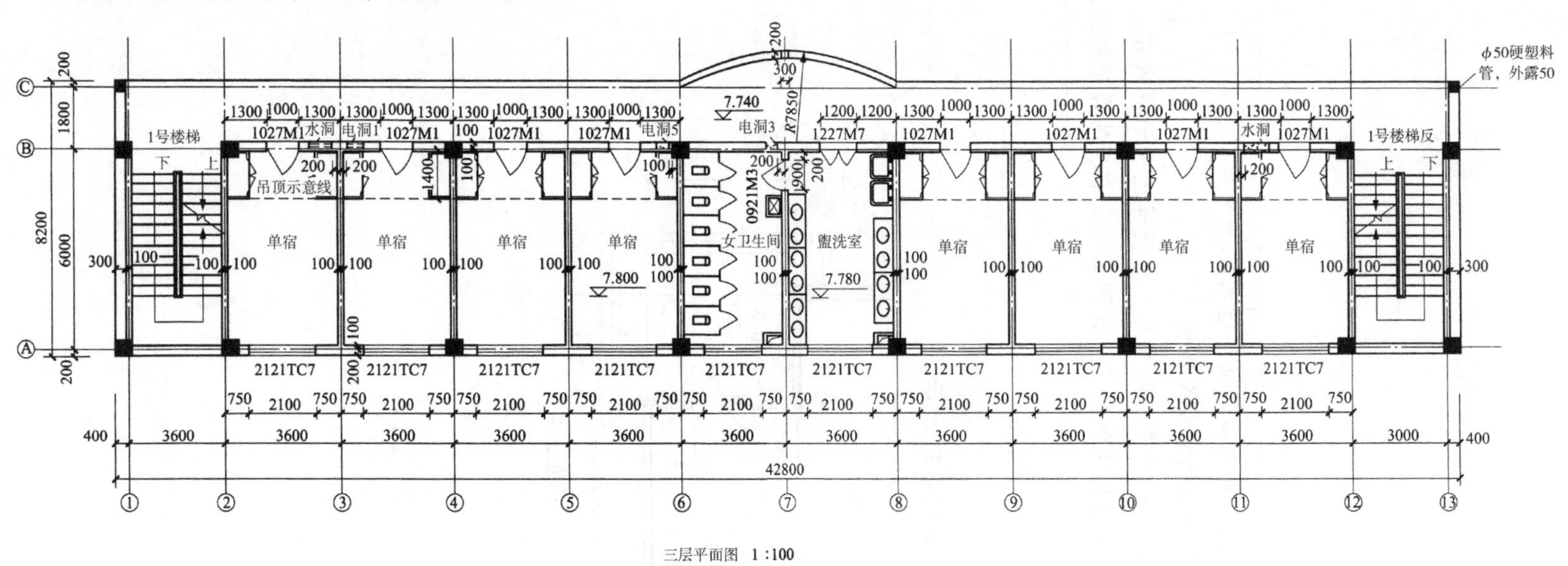

图 4-24　某公司宿命楼三层平面图

通过某公司宿舍楼三层平面图，可以得到以下信息：

1）该图为三层平面图，比例为 1∶100。

2）该层共有 10 个房间，分别为 8 个单人宿舍、1 个女卫生间和 1 个盥洗室。

十三、某公司宿舍楼局部四层和屋顶平面图识读

某公司宿舍楼局部四层和屋顶平面图，如图 4-25 所示。

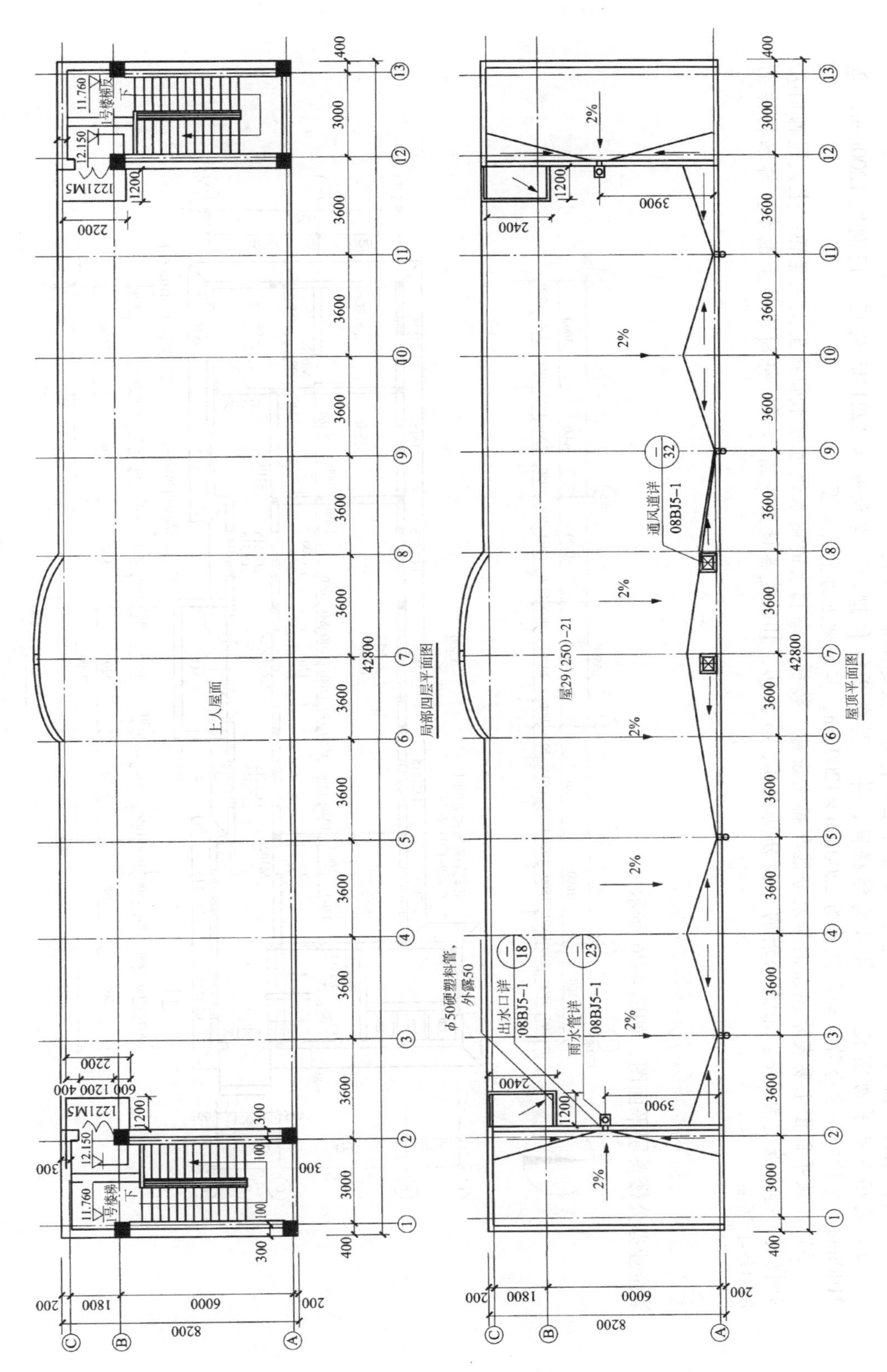

图4-25　某公司宿舍楼局部四层和屋顶平面图

通过某公司宿舍楼局部四层和屋顶平面图，可以得到以下信息：

1）该图包括两张图样，一张是局部四层平面图，另一张是屋顶平面图。

2）局部四层平面图表示四层只有楼梯间，并分别在②轴和⑫轴设有代号为 1221M5 的门，门洞宽 1200mm，高 2100mm，并设有一步台阶，台阶尺寸为 2200mm×1200mm，其余地方为上人屋面。

3）屋顶平面图主要表示屋顶的排水分区和排水设施。楼梯间屋面上的雨水通过雨水管排至上人屋面，上人屋面向Ⓐ轴找坡，排水坡度为 2%。沿Ⓐ轴墙的外侧分别在③、⑤、⑨、⑪轴处各设置一雨水管，将雨水排至散水。排水构件见 08BJ5-1 图集。

十四、某企业办公楼首层平面图识读

某企业办公楼首层平面图，如图 4-26 所示。

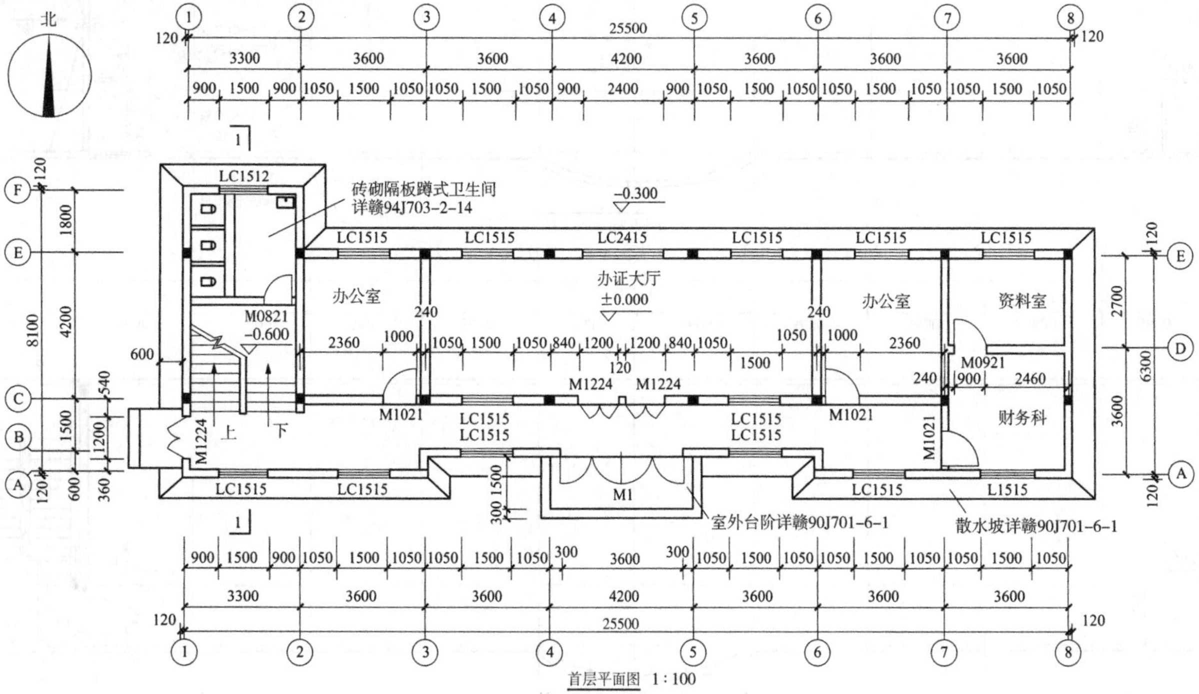

首层平面图 1:100

图 4-26 某企业办公楼首层平面图

1）该图是首层平面图。平面形状基本为长方形。通过看图左上角的指北针，可知房屋为坐北朝南。

2）建筑物室内地面标高为±0.000m，室外地坪标高为-0.300m，表明了室内外地面的高度差值为0.3m。

3）从墙（或柱）的位置、房间的名称，了解各房间的用途、数量及其相互间的组合情况。该建筑有办证大厅、办公室、资料室、财务科等房间，采用走廊将其连接起来。一个出入口在房屋南面的中部，楼梯在走廊的左端。

4）根据定位轴线的编号及其间距，了解各承重构件的位置和房间的大小。

5）平面图上标注的尺寸均为未经装饰的结构表面尺寸，其所标注的尺寸以“mm”为单位。

6）内部尺寸说明房间的净空大小和室内的门窗洞、孔洞、墙厚和固定设备（卫生间、盥洗室、工作台、搁板等）的大小与位置，如办证大厅的门宽1200mm。

7）首层平面图的总长为25740mm，总宽为8340mm，通过这套尺寸可计算出本幢房屋的占地面积。

8）平面图中Ⓐ轴线墙上①、②轴线间LC1515的窗洞宽1500mm，窗洞左边与①轴线的距离为900mm；Ⓑ轴线墙上门洞的宽度为3600mm，门洞左边与④轴线的距离为300mm。

9）图中LC2415，“LC”表示铝合金窗，“2415”表示窗宽2400mm，窗高1500mm；M1021，“M”表示门，“1021”表示门宽1000mm，门高2100mm。

10）图中①、②轴线间的1—1剖切符号，表示了建筑剖面图的剖切位置，剖视方向向左，为全剖面图。

11）图中建筑物内的设备信息有卫生间的便池、盥洗池等的位置、形式及相应尺寸。

十五、某企业办公楼二层平面图识读

某企业办公楼二层平面图，如图 4-27 所示。

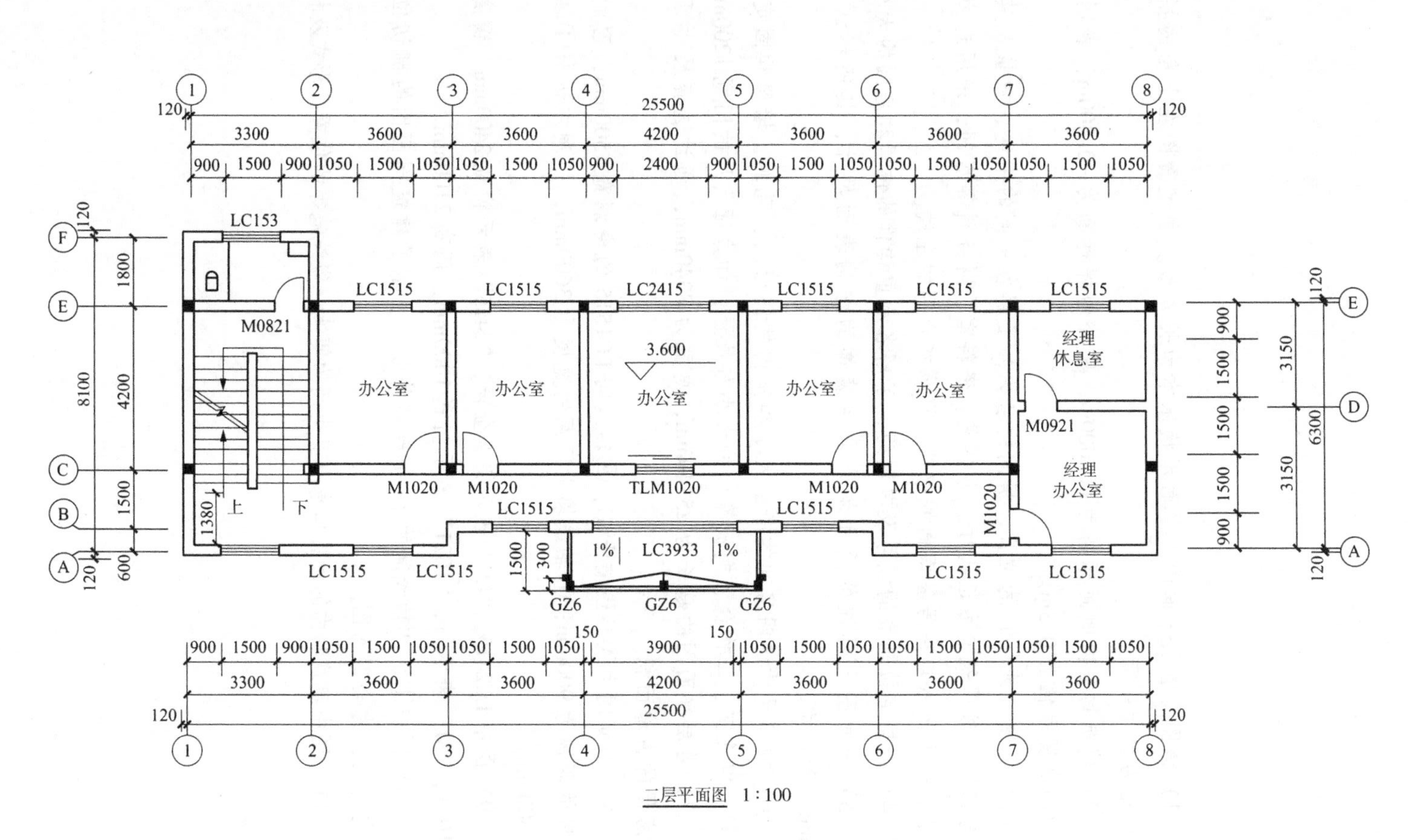

图 4-27 某企业办公楼二层平面图

1）该图图名为二层平面图，比例为1∶100。

2）楼层内标高为3.600m。图中有雨篷，雨篷中的排水坡度为1%，楼梯图例发生变化。

知识扩展

雨篷的常见类型及做法，如图4-28所示。

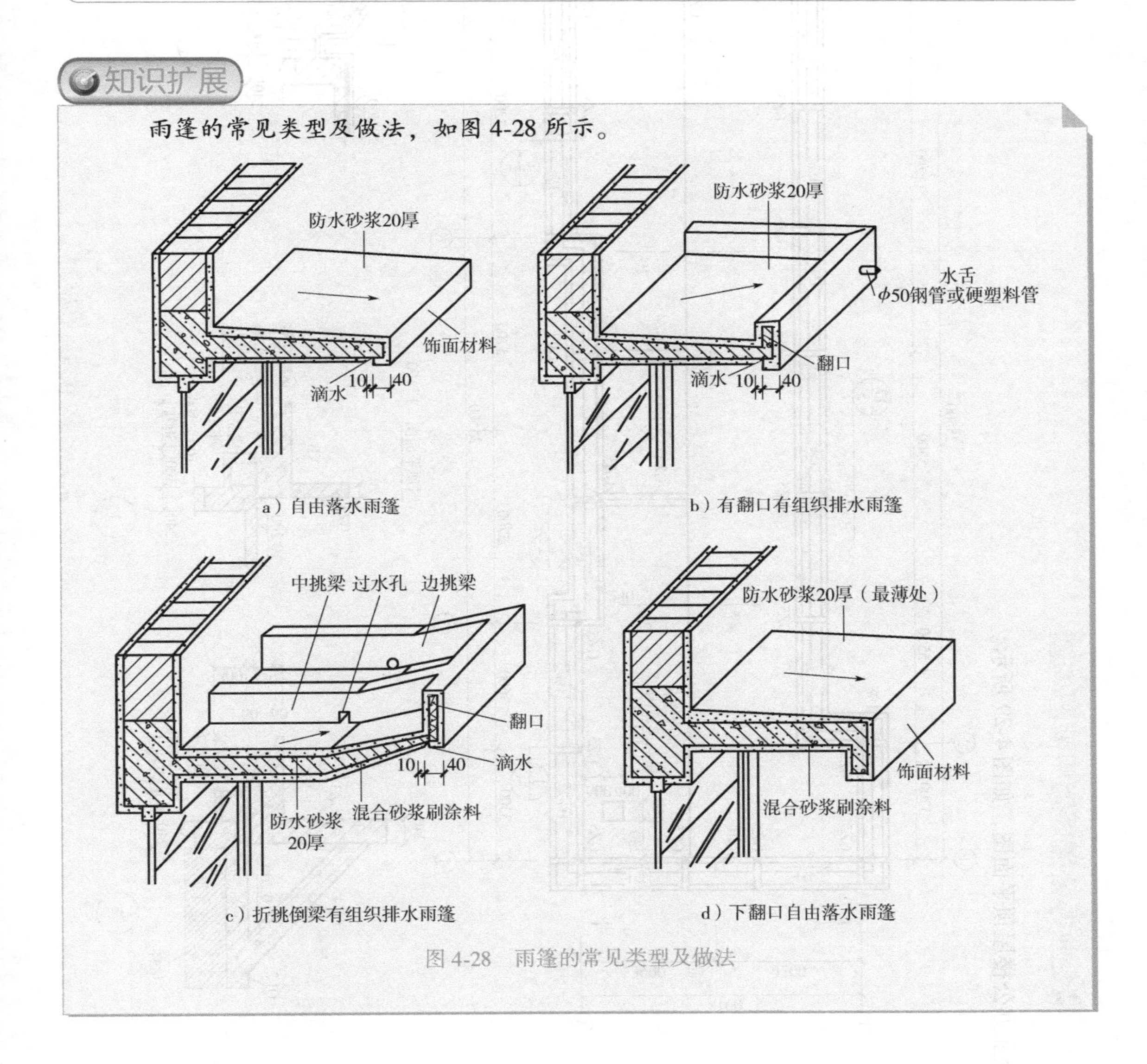

图4-28 雨篷的常见类型及做法

十六、某企业办公楼屋顶平面图识读

某企业办公楼屋顶平面图，如图4-29所示。

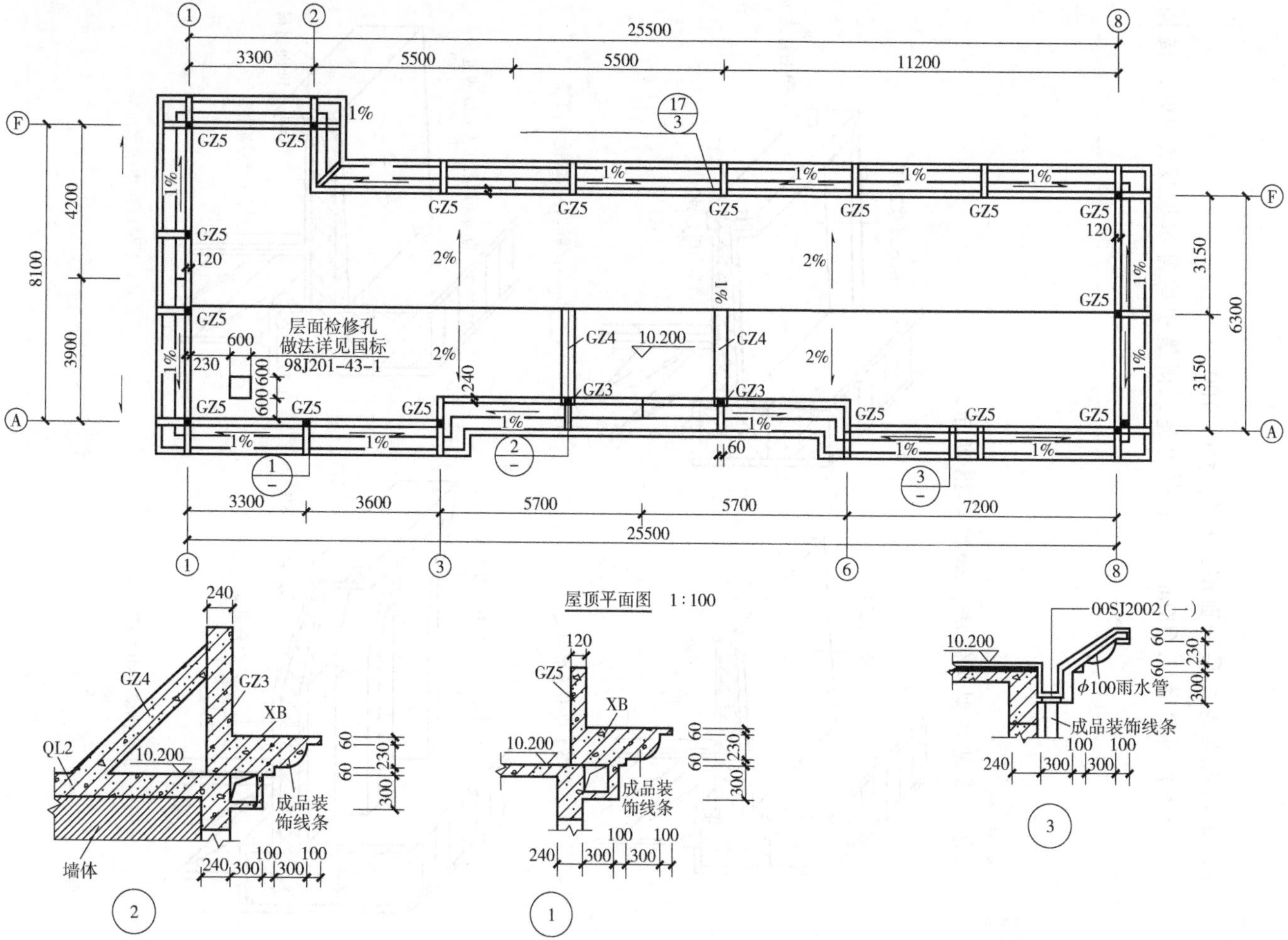

图4-29 某企业办公楼屋顶平面图

1）该屋顶为有组织的双坡挑檐排水方式，屋面排水坡度2%，中间有分水线，水从屋面向檐沟汇集，檐沟排水坡度为1%，有8个雨水管。

2）屋顶平面图中有4个索引符号，其中三个索引详图就画在屋顶平面图下方。

知识扩展

屋顶排水方式，如图4-30所示。

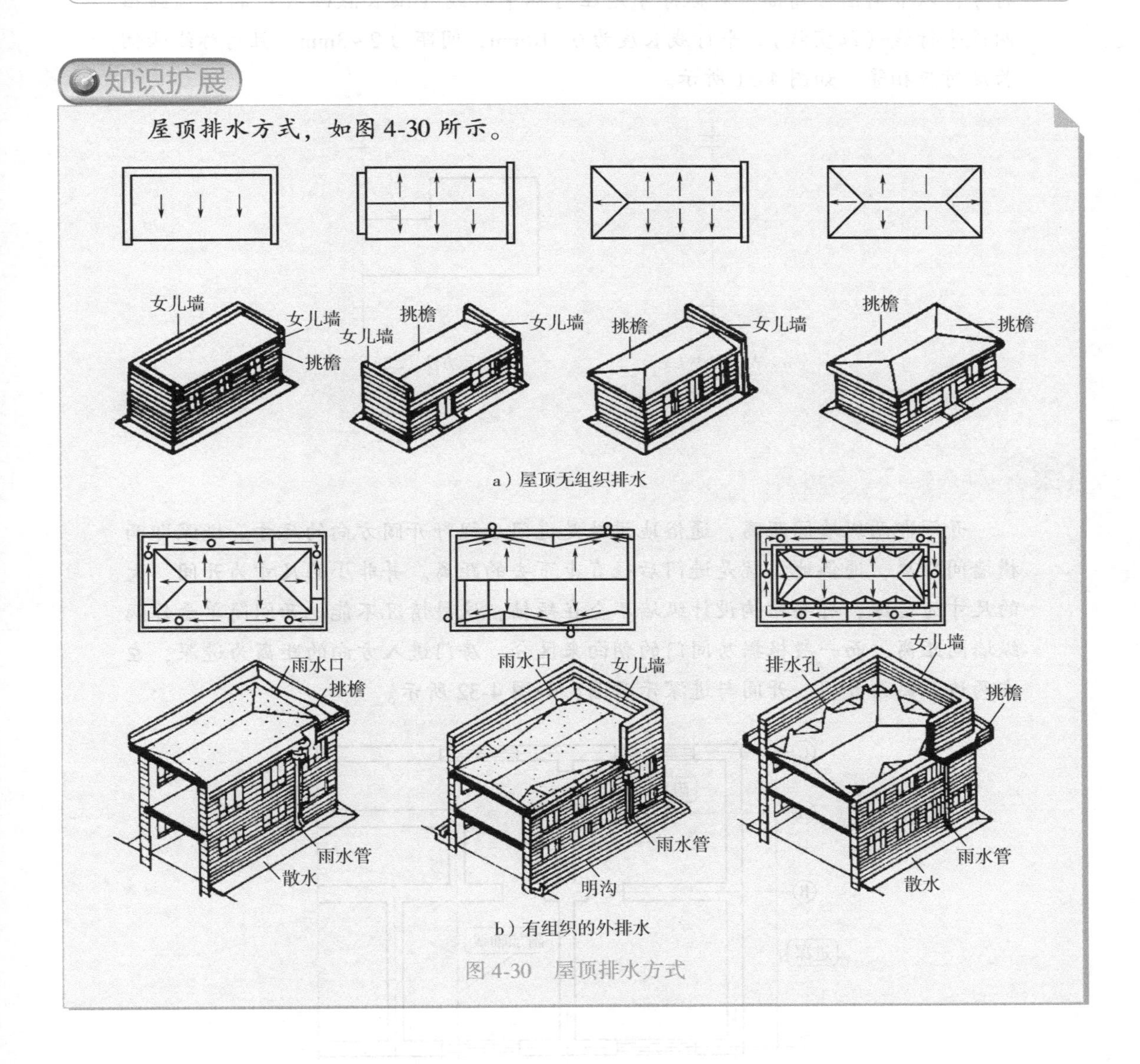

图4-30 屋顶排水方式

第四节　建筑平面图识读疑惑解析

1. 当建筑施工图完全对称时，可以用什么符号表示

当建筑施工图的图形完全对称的时候，可以只画该图形的一半，并画出对称符号，以节省图样篇幅。对称符号是在对称中心线（细长点画线）的两端画出两段平行线（细实线）。平行线长度为6~10mm，间距为2~3mm，且对称线两侧长度对应相等，如图4-31所示。

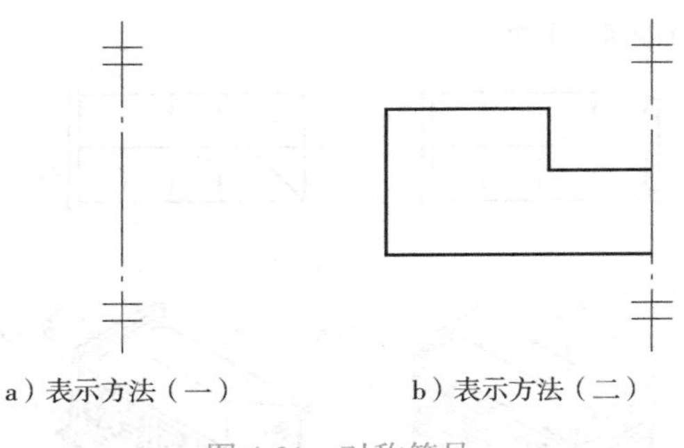

图4-31　对称符号

2. 什么是开间与进深

开间即两纵墙间距离，通俗地讲就是进门后视野开阔方向的尺寸。进深即两横墙间距离，通俗地讲就是进门后径直走下去的距离。并非小的尺寸为开间，大的尺寸为进深，有些结构设计纵墙不全在短轴，这种情况不能把开间简单看作两纵墙间距离，而一般根据房间门的朝向来区分，房门进入方向的距离为进深，左右两边距离为开间。开间与进深示意图，如图4-32所示。

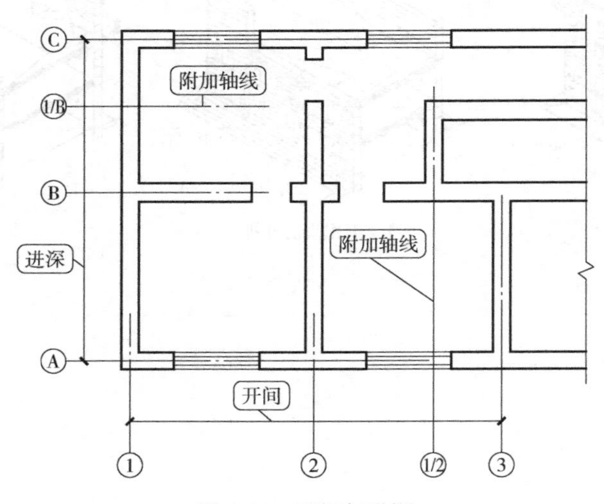

图4-32　开间与进深

第五章

建筑立面图的识读

建筑立面图是平行于建筑物各方向外墙面的正投影图，简称立面图。建筑立面图用来表示建筑物的体形和外貌，并表明外墙面装饰材料与装饰要求等。

识读口诀

一栋建筑要美观，外形色彩第一关
立面图里要素简，专抓标高和料材
东南西北立面图，反映全貌及配件
轴线命名最常用，竖向标高以米算
不要忘了定位线，门窗位置标记全

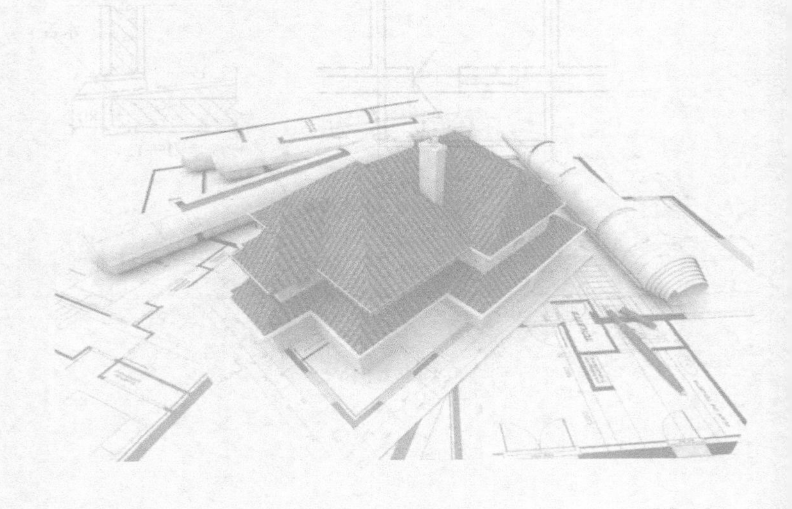

第一节 建筑立面图的内容

建筑立面图的一般内容包括：

1）图名、比例、立面两端的轴线及编号。详细的轴线尺寸以平面图为准，立面图中只画出两端的轴线，以明确位置，但轴线位置及编号必须与平面图对应起来。

2）外墙面的体形轮廓和屋顶外形线在立面图中通常用粗实线表示。

3）门窗的形状、位置与开启方向。这是立面图中的主要内容。门窗洞口的开启方式、分格情况都是按照有关的图例绘制的。有些特殊的门窗，如不能直接选用标准图集，还会附有详图或大样图。

4）外墙上的一些构筑物。按照投影原理，立面图反映的还有室外地坪，以及能够看得到的细部，如勒脚、台阶、花台、雨篷、阳台、檐口、屋顶和外墙面的壁柱、雕花等。

5）标高和竖向的尺寸。立面图的高度主要以标高的形式来表现，一般需要标注的位置有：室内外的地面、门窗洞口、栏板、台阶、雨篷、檐口等。这些位置，一般标清楚了标高，竖向的尺寸可以不写。竖向尺寸主要标注的位置常设在房屋的左右两侧，最外面的一道总尺寸标明的是建筑物的总高度，第二道分尺寸标明的是建筑物每层的层高，最内侧的一道分尺寸标明的是建筑物左右两侧的门窗洞口的高度、距离本层地面和上层地面的尺寸。

6）相关的文字说明。立面图中常用相关的文字说明来标注房屋外墙的装饰材料和做法。通过标注详图索引，可以将复杂部分的构造另画详图来表达。

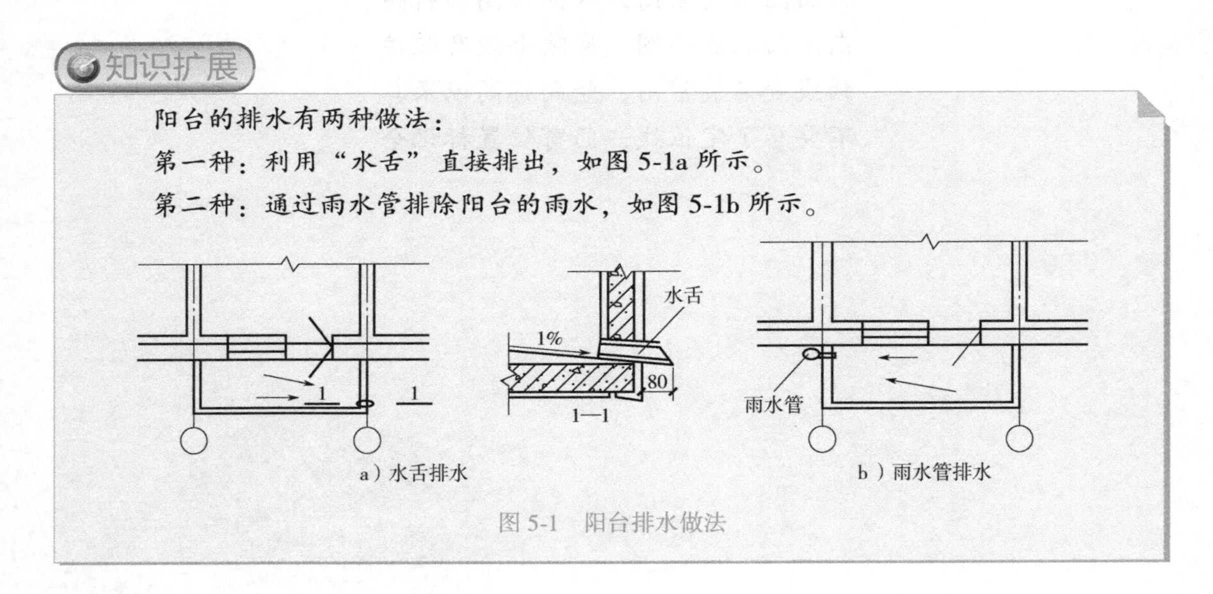

图5-1 阳台排水做法

第三节 建筑立面图的识读技巧

1）首先看立面图上的图名和比例，确定是哪个方向上的立面图及绘图比例，立面图两端的轴线及其编号应与平面图上的相对应。

2）看建筑立面的外形，了解门窗、阳台栏杆、台阶、屋檐、雨篷、出屋面排气道等的形状及位置。

3）看立面图中的标高和尺寸，了解室内外地坪、出入口地面、窗台、门口及屋檐等处的标高位置。

4）看房屋外墙面装饰材料的颜色、材料、分格做法等。

5）看立面图中的索引符号、详图的出处、选用的图集等。

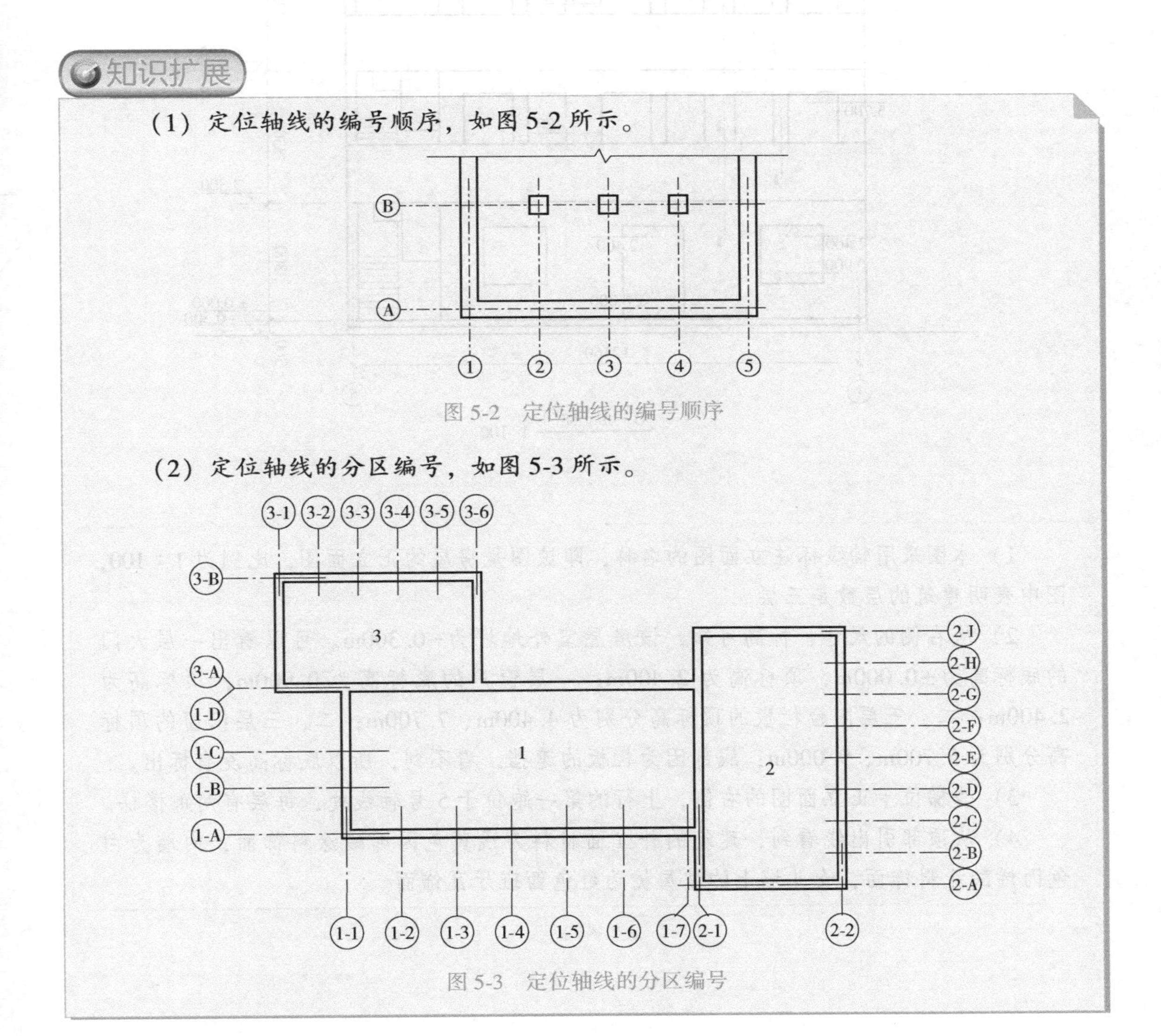

（1）定位轴线的编号顺序，如图5-2所示。

图5-2 定位轴线的编号顺序

（2）定位轴线的分区编号，如图5-3所示。

图5-3 定位轴线的分区编号

第三节 建筑立面图的实例识读

一、某宿舍楼①~⑤立面图识读

某宿舍楼①~⑤立面图，如图 5-4 所示。

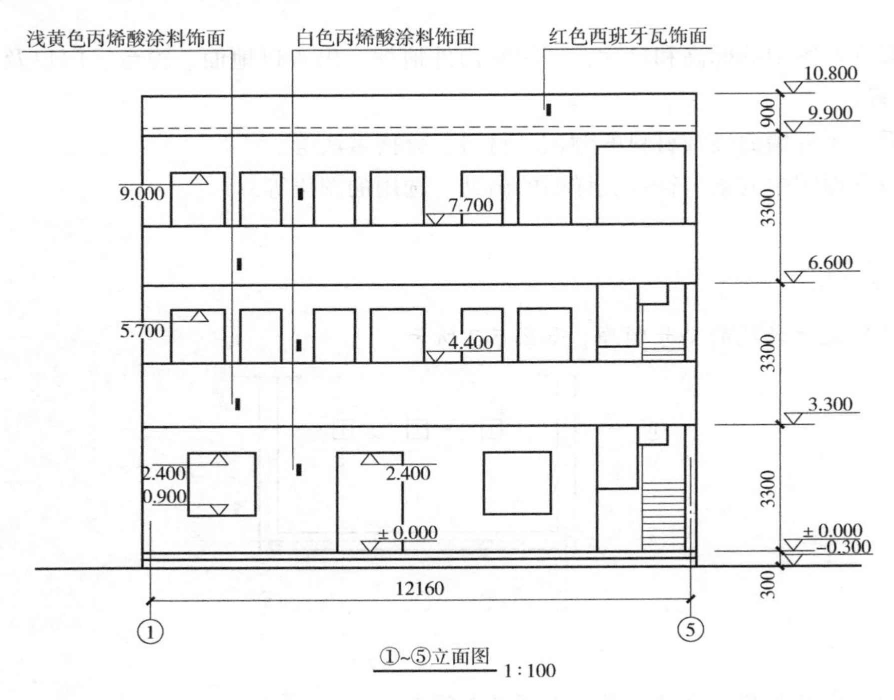

图 5-4 某宿舍楼①~⑤立面图

1）本图采用轴线标注立面图的名称，即该图是房屋的正立面图，比例为 1∶100，图中表明建筑的层数是三层。

2）从右侧的尺寸、标高可知，该房屋室外地坪为-0.300m。可以看出一层大门的底标高为±0.000m，顶标高为 2.400m；一层窗户的底标高为 0.900m，顶标高为 2.400m；二、三层阳台栏板的顶标高分别为 4.400m、7.700m；二、三层门窗的顶标高分别为 5.700m、9.000m；底部因为栏板的遮挡，看不到，所以底标高没有标出。

3）楼梯位于正立面图的右侧，上行的第一跑位于 5 号轴线处，每层有两跑楼梯。

4）从顶部引出线看到，建筑的外立面材料为浅黄色丙烯酸涂料饰面，内墙为白色丙烯酸涂料饰面，女儿墙上的坡屋檐为红色西班牙瓦饰面。

二、某宿舍楼⑤~①立面图识读

某宿舍楼⑤~①立面图，如图 5-5 所示。

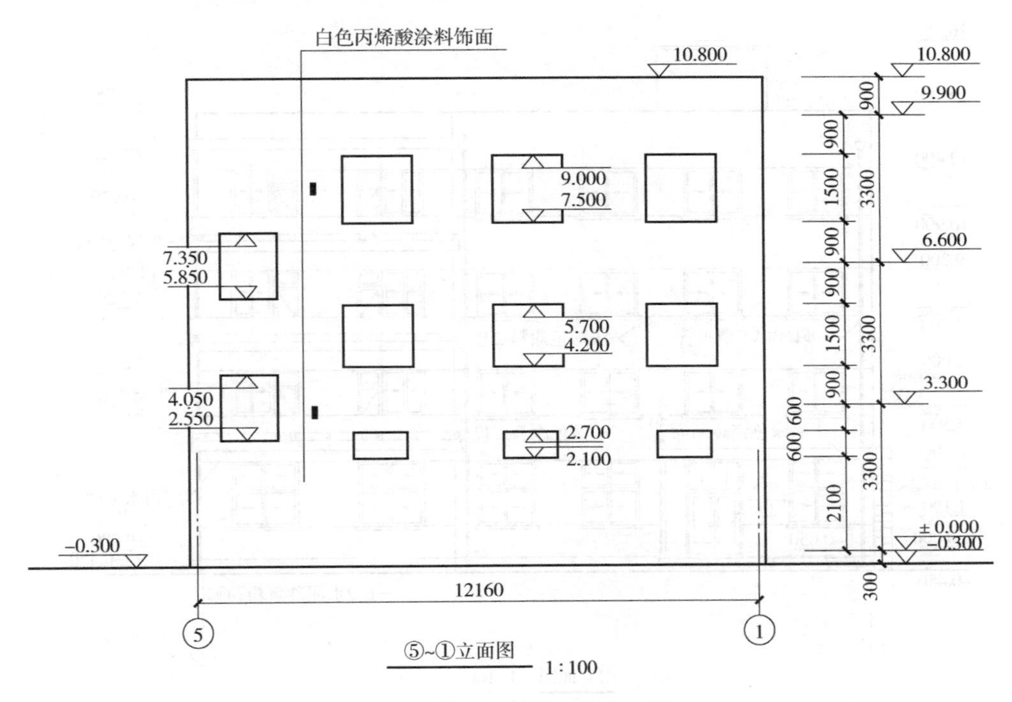

图 5-5 某宿舍楼⑤~①立面图

1）本图采用轴线标注立面图的名称，即该图是房屋的背立面图，比例为 1：100，图中表明建筑的层数是三层。

2）从右侧的尺寸、标高可知，该房屋室外地坪为-0.300m。可以看出一层窗户的底标高为 2.100m，顶标高为 2.700m；二层窗户的底标高为 4.200m，顶标高为 5.700m；三层窗户的底标高为 7.500m，顶标高为 9.000m。位于图面左侧的是楼梯间窗户，其一层底标高为 2.550m，顶标高为 4.050m；二层底标高为 5.850m，顶标高为 7.350m。

3）从顶部引出线看到，建筑的背立面装饰材料比较简单，为白色丙烯酸涂料饰面。

三、某办公楼南立面图识读

某办公楼南立面图，如图 5-6 所示。

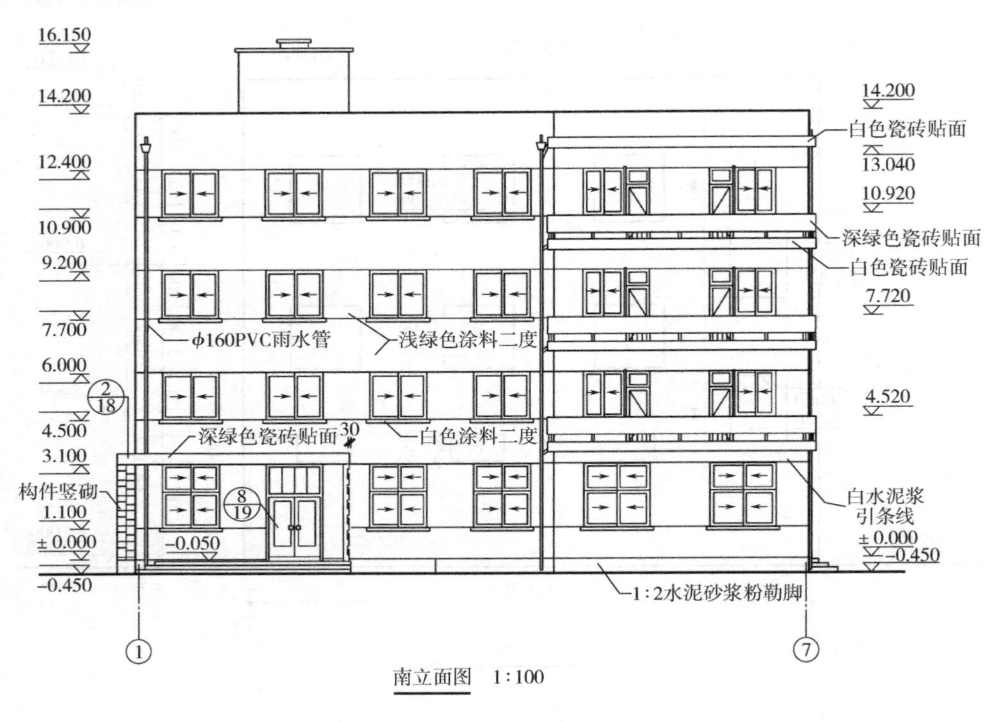

图 5-6 某办公楼南立面图

1）本图按照房屋的朝向命名，即该图是房屋的正立面图，比例为 1∶100，图中表明建筑的层数是四层。

2）从右侧的尺寸、标高可知，该房屋室外地坪为-0.450m。可以看出一层室内的底标高为±0.000m，二层窗户的底标高为 4.520m，三层窗户的底标高为 7.720m，四层窗户的底标高为 10.920m，楼顶最高处标高为 16.150m。

3）从引出线看到，建筑左侧的外立面材料为浅绿色涂料饰面，窗台为白色涂料饰面，建筑右侧的外立面材料为白色瓷砖和深绿色瓷砖贴面，勒脚采用 1∶2 水泥砂浆粉。

四、某办公楼北立面图识读

某办公楼北立面图，如图 5-7 所示。

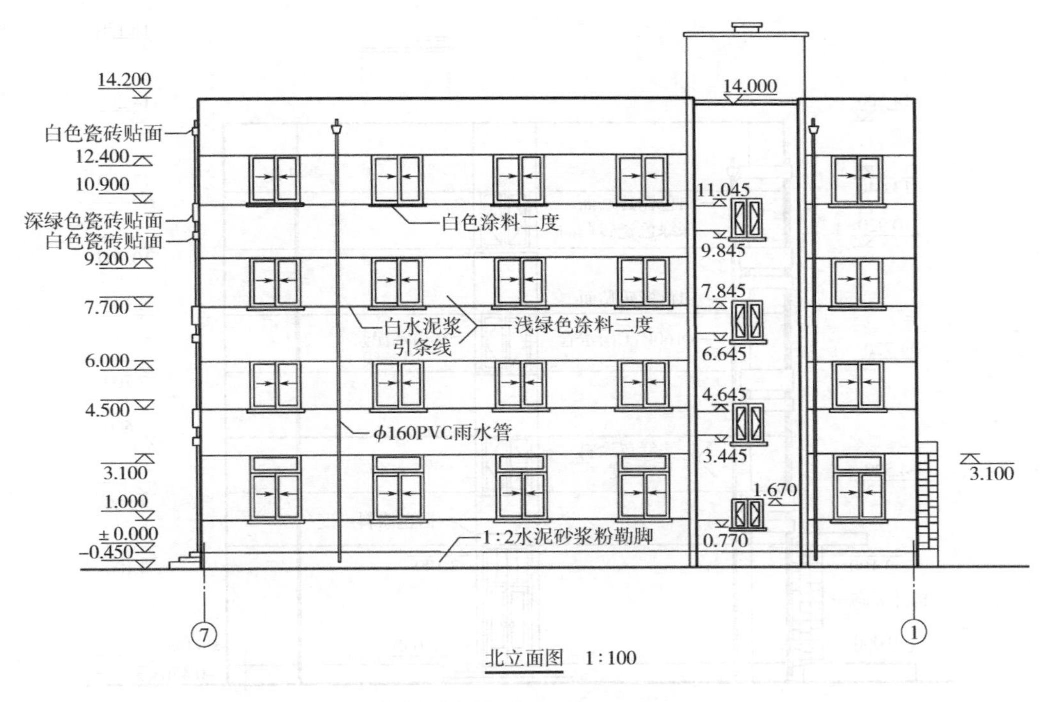

图 5-7 某办公楼北立面图

1）本图按照房屋的朝向命名，即该图是房屋的背立面图，比例为 1∶100，图中表明建筑的层数是四层。

2）其他标高与正立面图相同，本图中标明了楼梯休息平台段的窗户的标高。

3）图中标明了采用直径为 160mm 的 PVC 雨水管。

五、某办公楼东立面图识读

某办公楼东立面图，如图5-8所示。

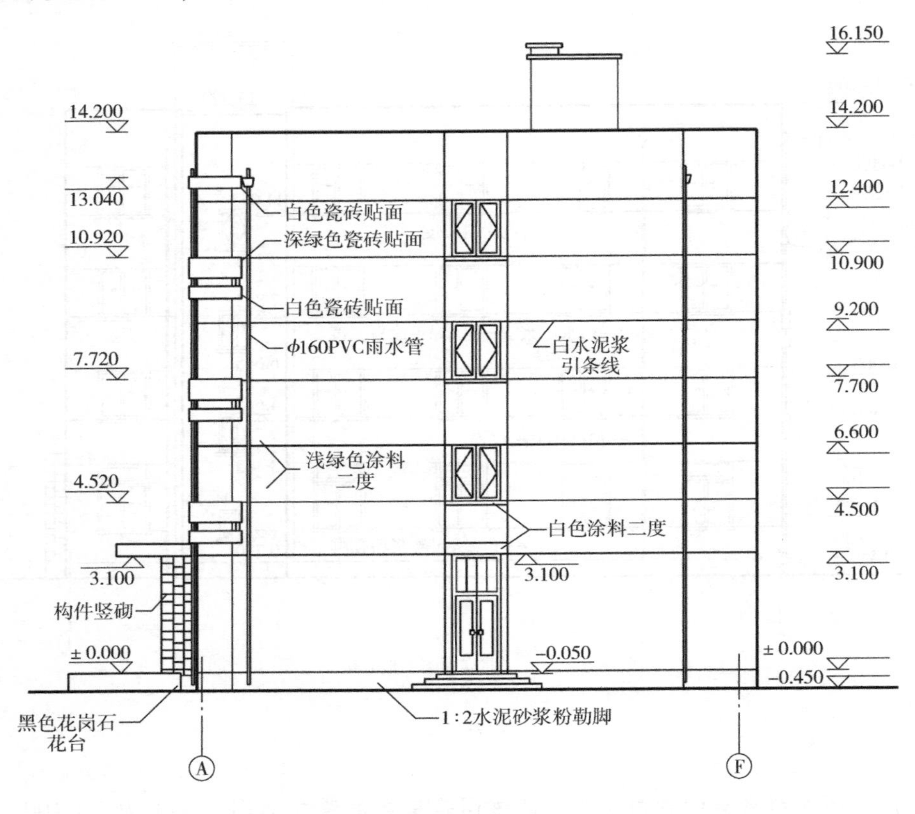

图5-8　某办公楼东立面图

1）本图按照房屋的朝向命名，即该图是房屋的右立面图，比例为1：100，图中表明建筑的层数是四层。

2）其他标高与正立面图相同，本图中标明了建筑右侧窗户的标高。

3）图中标明了采用直径为160mm的PVC雨水管，建筑南侧正门台阶处采用黑色花岗石花台。

六、某办公楼西立面图识读

某办公楼西立面图，如图 5-9 所示。

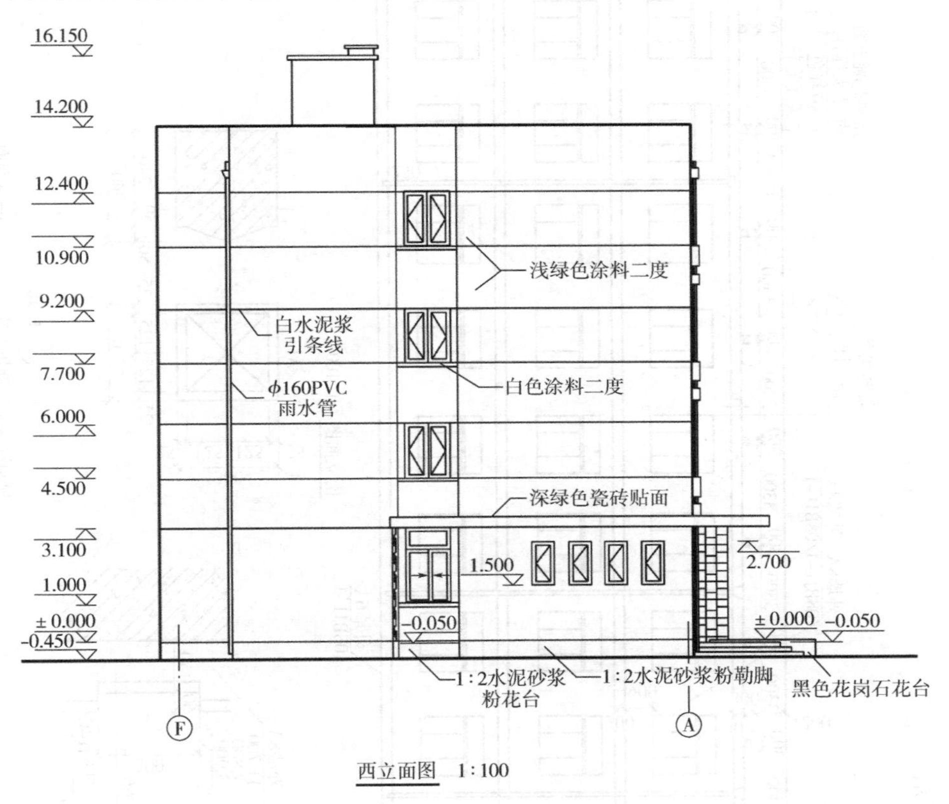

图 5-9 某办公楼西立面图

1）本图按照房屋的朝向命名，即该图是房屋的左立面图，比例为 1∶100，图中表明建筑的层数是四层。

2）其他标高与正立面图相同，本图中标明了建筑左侧窗户的标高。

3）图中标明了采用直径为 160mm 的 PVC 雨水管，建筑南侧正门台阶处采用黑色花岗石花台。

七、某公司宿舍楼南立面图识读

某公司宿舍楼南立面图，如图 5-10 所示。

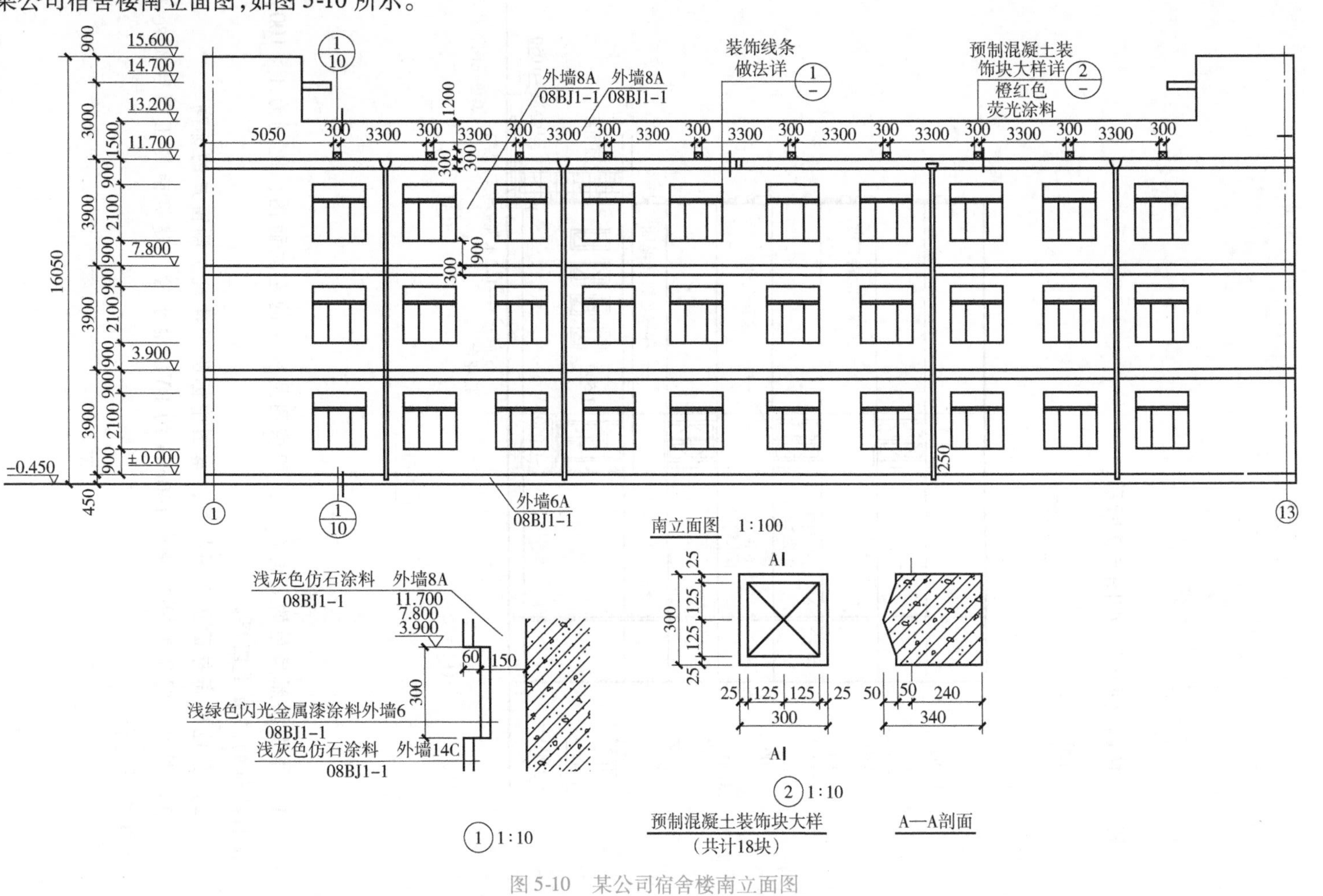

图 5-10 某公司宿舍楼南立面图

1）该图为南立面图。南立面是指整个Ⓐ轴外墙面，两端的定位轴线为①~⑬轴。

2）该南立面图的绘制比例为1:100，宿舍楼总高16.05m，室内外高差为0.45m，一~三层的层高为3.9m，四层层高为3m，四层顶部女儿墙高0.9m，上人屋面处女儿墙高1.5m。

3）一~三层每层设计有10扇窗，窗高2100mm，窗台高度为900mm，窗洞上口至上层楼面的高度为900mm。

4）外墙装修做法为外墙8A，勒脚为外墙6A。通过查阅08BJ1-1图集，可以明确装修做法。

5）墙上有3道装饰线条，通过索引符号可以在本页上找到详图①表示装饰线条的做法。3道装饰线条的位置分别在标高3.9m、7.8m和11.7m处，线条高300mm。

6）顶部装饰线条上方有10块装饰块（北立面还有8块），图上标有装饰块的定位和定形尺寸。通过索引符号可以在本页上找到详图②表示装饰块的做法。

7）该立面设有4根雨水管。

8）该立面还有一剖切索引符号 $\frac{1}{10}$，表示另有详图说明墙身做法，详图绘制在"建-10"的第一个详图。在图号为"建-10"的图样上，应该有一符号为①的详图，表明此处的外墙做法。

知识扩展

平屋顶较常见的形式，如图5-11所示。

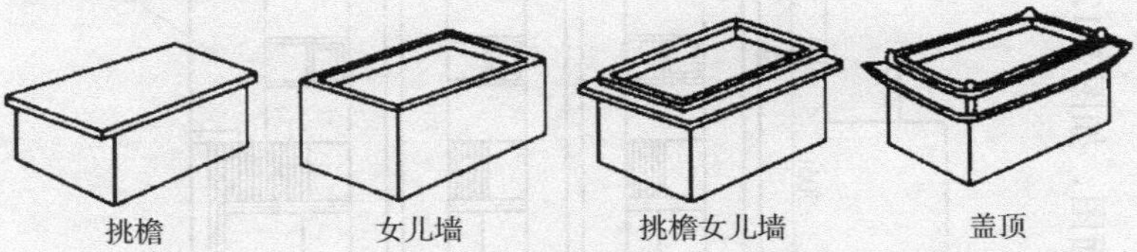

挑檐　女儿墙　挑檐女儿墙　盖顶

图5-11　平屋顶较常见的形式

八、某公司宿舍楼北立面图识读

某公司宿舍楼北立面图，如图 5-12 所示。

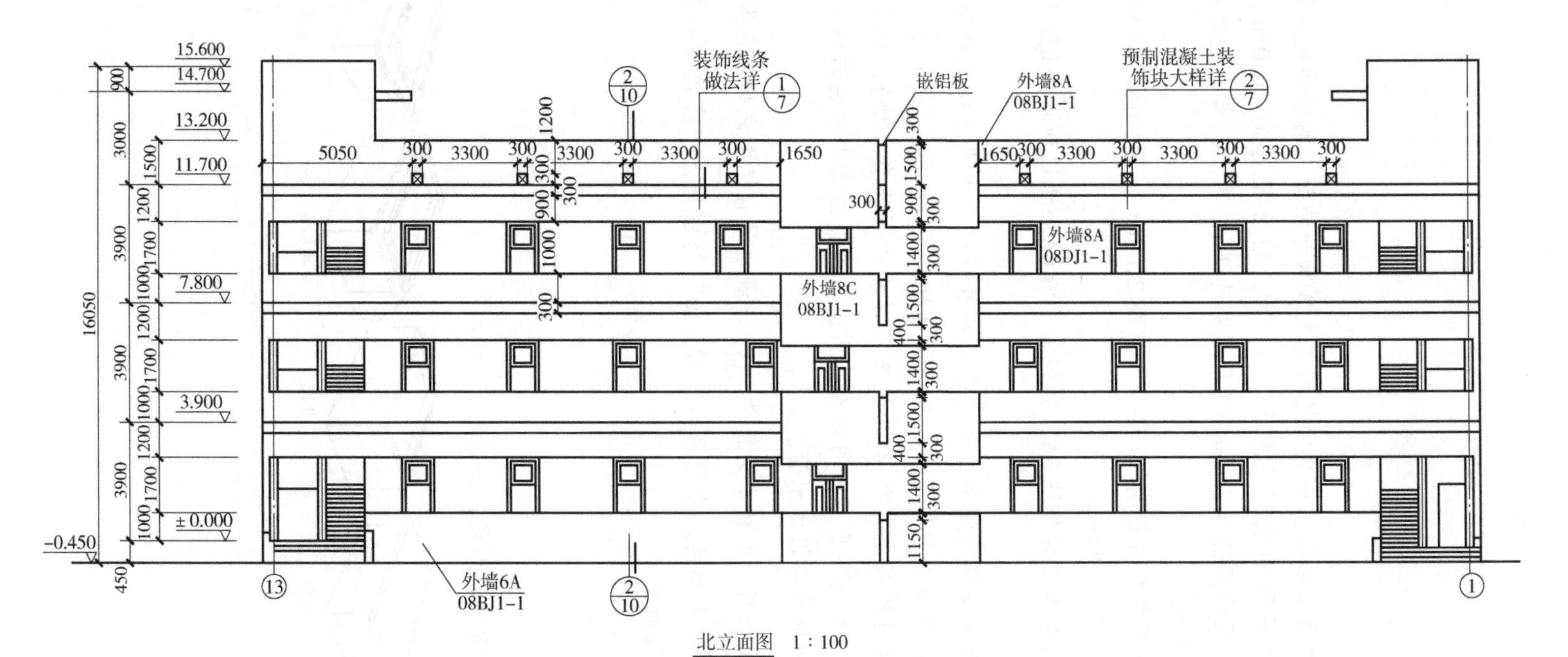

图 5-12　某公司宿舍楼北立面图

1）该图为北立面图。从该立面图可看到的是部分外墙面，两端的定位轴线为⑬~①轴。

2）北立面图的绘制比例为1：100，高度尺寸及装修做法同南立面。

3）首层通廊栏板高1000mm，二、三层栏板总高2200mm，平面造型为圆弧部分的栏板高2500mm。

4）每层可见8扇单开门和一扇双开门。

5）靠近⑬轴和①轴各有一部楼梯和出入口。

6）该立面还有一剖切索引符号(2/10)，表示另有详图说明墙身做法，详图绘制在“建-10”的第二个详图。在图号为“建-10”的图样上，应该有一符号为②的详图，表明此处的外墙做法。

知识扩展

常用的建筑材料图例见表5-1。

表5-1　常用的建筑材料图例

序号	名称	图例	备注
1	空心砖		指非承重砖砌体
2	饰面砖		包括铺地砖、陶瓷锦砖、人造大理石等
3	混凝土		指能承重的混凝土
4	多孔材料		包括水泥珍珠岩、沥青珍珠岩、泡沫混凝土、非承重加气混凝土等
5	泡沫塑料材料		包括聚苯乙烯等多孔聚合物

九、某物业楼①~⑥立面图识读

某物业楼①~⑥立面图，如图5-13所示。

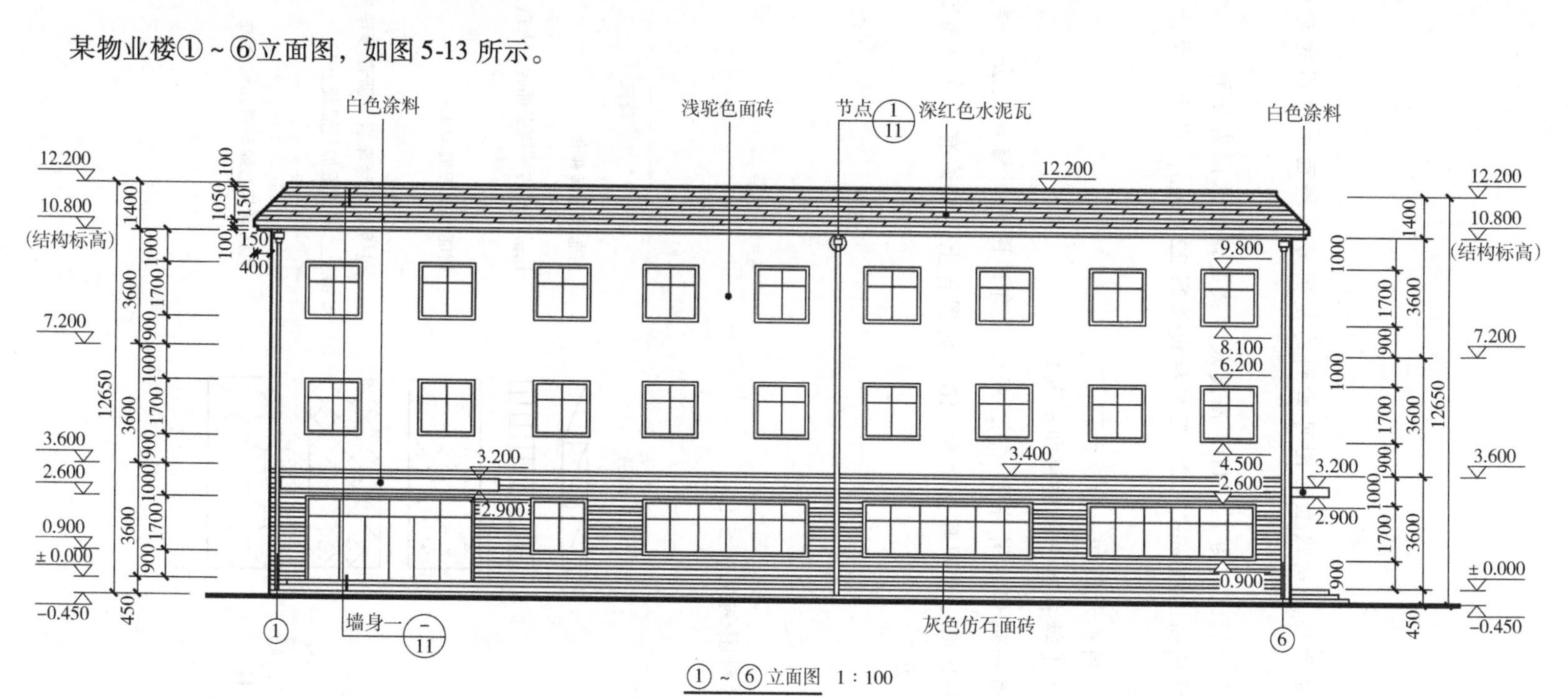

图5-13 某物业楼①~⑥立面图

1）该图为某物业楼①~⑥立面图，图名与图中建筑物两侧的轴线编号可以对应起来，比例为1∶100，以便于对照阅读。

2）从图中可以看到该楼①~⑥立面的整个外貌形状，还可了解该侧的屋顶、门窗、雨篷、阳台、台阶等细部的形式和位置。如正门在①轴旁边，正门下有台阶上有雨篷，⑥轴线所在的一侧即该楼的东侧有一侧门，侧门也是下有台阶上有雨篷。从图中引线所标示的外装材料可知，正门和侧门的雨篷均用白色涂料饰面。图中①、⑥轴线和楼房的中间位置共设有三处雨水管。整个外墙面装修分成两部分，二层楼面以下部分外墙面采用灰色仿石面砖，二层楼面及以上部分墙面用浅驼色面砖，屋顶檐口用深红色水泥瓦铺面。

3）从图中给出的标高可知高度关系。在立面图的左侧和右侧都标注有标高，从左侧所标注的标高，可知该房屋室外地坪标高为-0.450m，比室内标高±0.000低450mm，即室内外标高差为450mm；一层窗台标高为0.900m，窗顶标高为2.600m，表示窗洞高度为1.7m，二层和三层依次相同。屋顶最高处为12.200m，所以该建筑的总高度为（12.200+0.450）m=12.650m。标高一般注在图形外，并做到符号排列整齐、大小一致。若房屋左右对称时，一般标注在左侧。不对称时，左右两侧均应标注。必要时为了更清楚，可标注在图内（如正门上方的雨篷底面标高为2.900m）。

知识扩展

阳台的部分样式，如图5-14所示。

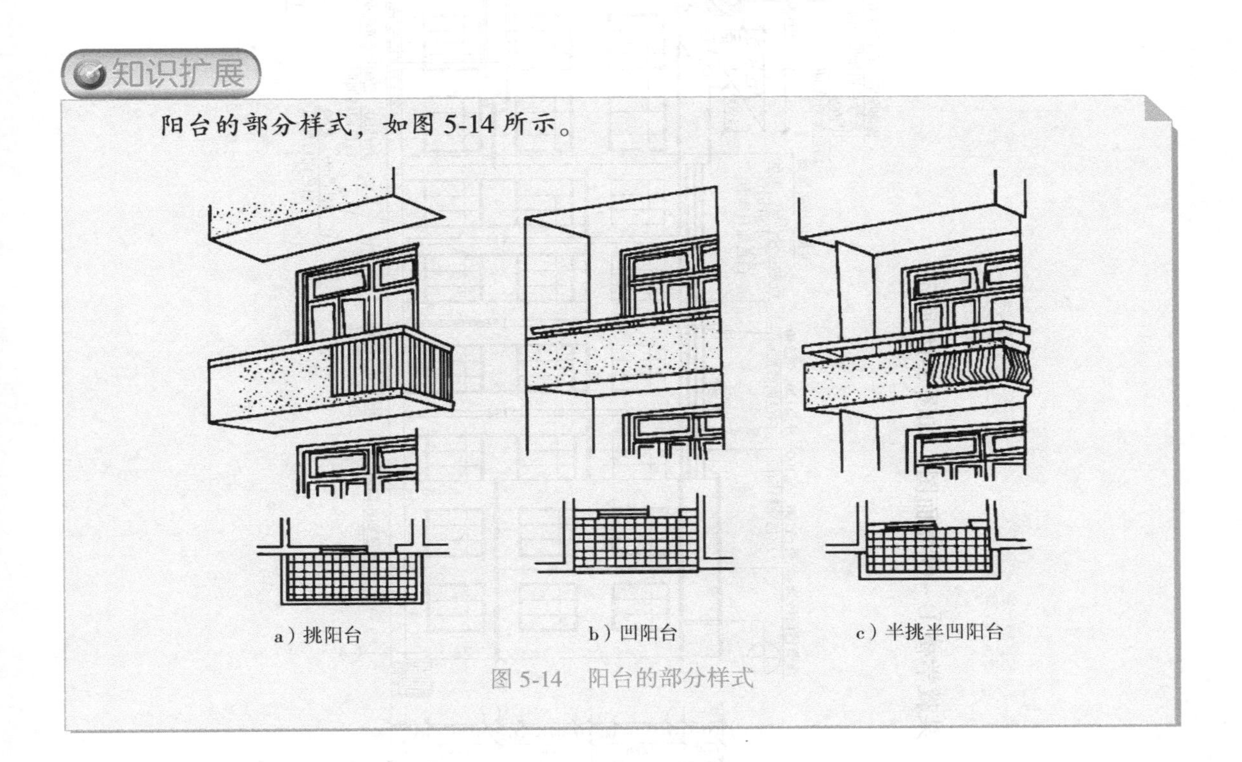

图5-14　阳台的部分样式

十、某教学楼①～⑨立面图识读

某教学楼①～⑨立面图，如图 5-15 所示。

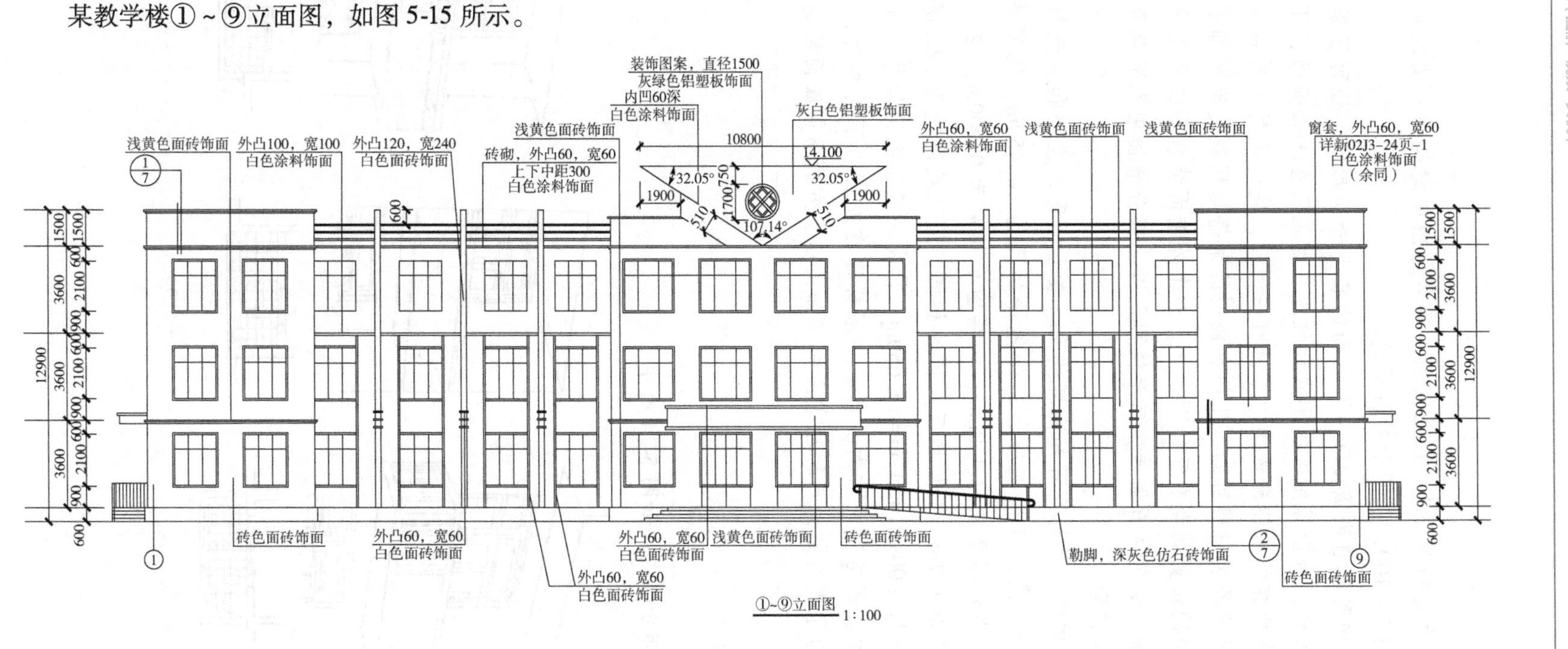

图 5-15　某教学楼①～⑨立面图

1）建筑立面图通常采用与建筑平面图相同的比例，该立面图的比例为 1∶100。立面图中应标注两端外墙的定位轴线，以便于明确立面图与平面图的关系。

2）在建筑立面图中，主体外轮廓线用粗实线，室外地面也可用宽度为 1.4b 的加粗实线，建筑立面图外轮廓之内墙面轮廓线以及门窗洞、阳台、雨篷等构配件的轮廓用中实线，一些较小的构配件的轮廓线用细实线，如雨水管、门窗扇等。

3）建筑立面图反映了房屋立面的造型及构配件的形式、位置。从图中可以看出，这座教学楼共三层，各层左右两边布局对称，屋顶是平屋顶，图中门窗的立面均按实际情况绘出。按照《建筑制图标准》（GB/T 50104—2010）的规定，相同的门窗可以在局部重点表示一两个，绘制出完整的图形，其余部分可只画出轮廓线。

4）在建筑立面图中，外墙面的装修常用指引线做出文字说明。从图中看，该立面主要墙面为浅黄色面砖饰面。屋面、窗套均为白色涂料饰面，屋面中央的学校标志由装饰图案（灰绿色铝塑板饰面）、白色涂料饰面和灰白色铝塑板饰面组成。墙垛是白色面砖饰面，勒脚是深灰色仿石砖饰面。

知识扩展

墙面的装饰构造层次，如图 5-16 所示。

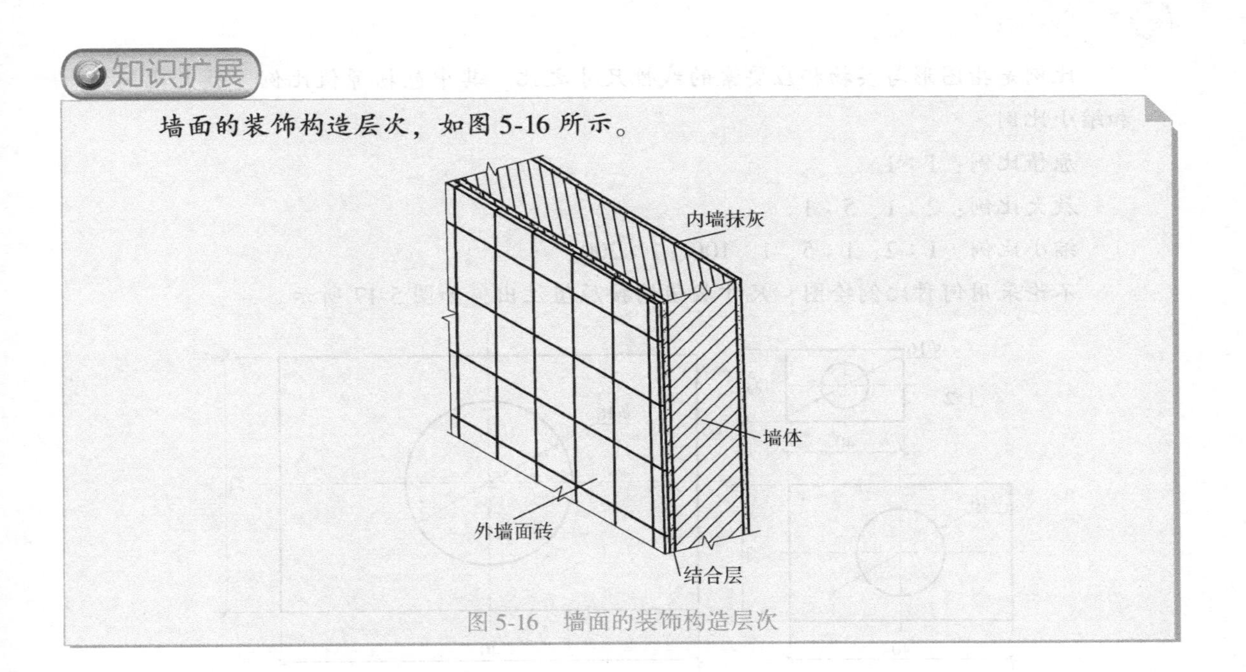

图 5-16 墙面的装饰构造层次

第四节 建筑立面图疑惑解析

1. 从建筑立面图的“图名”能确定其投影位置吗

立面图的“图名”按建筑物的朝向命名时，如：东立面图、南立面图、西立面图和北立面图，可以根据立面图的图名知道被投影的立面是建筑物的哪一个立面。

立面图的“图名”按建筑物的主入口方向命名时，如：正立面图、背立面图、侧立面图，可以根据立面图的图名知道被投影的立面是建筑物的哪一个立面。

立面图的“图名”按建筑物的轴线命名时，如：①~⑤轴立面图、⑤~①轴立面图、Ⓐ~Ⓑ轴立面图、Ⓑ~Ⓐ轴立面图，可以根据立面图的图名知道被投影的立面是建筑物的哪一个立面。

2. 建筑立面图中的尺寸标注内容是什么

建筑立面图一般只给出各外墙洞口等主要结构在高度方向的定位——标高。当有预留洞口时，除给出标高外，尚应标注其两个方向的定位尺寸。

知识扩展

比例是指图形与实物相应要素的线性尺寸之比。其中包括原值比例、放大比例、和缩小比例。

原值比例：1∶1。

放大比例：2∶1、5∶1。

缩小比例：1∶2、1∶5、1∶100、1∶200。

不论采用何种比例绘图，尺寸数值均按原值注出，如图 5-17 所示。

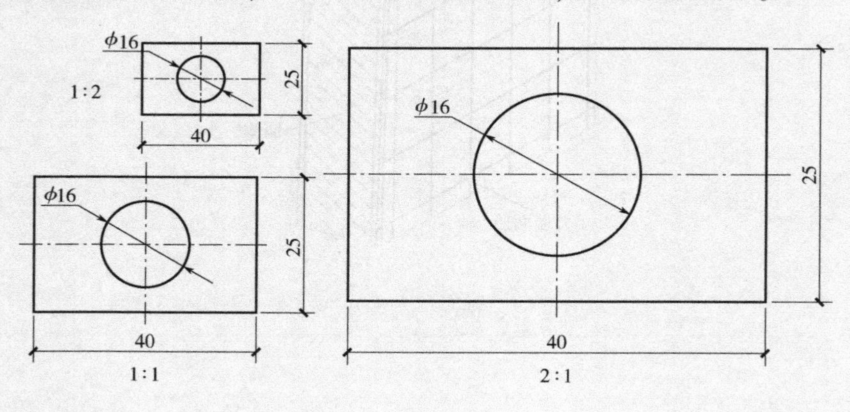

图 5-17 不同比例的对比

第六章

建筑剖面图的识读

建筑剖面图一般是指建筑物的垂直剖面图，也就是假想用一个竖直平面去剖切房屋，移去靠近观察者视线部分的正投影图，简称剖面图。

建筑剖面图是表示建筑物内部垂直方向的高度、楼层分层、垂直空间的利用以及简要的结构形式和构造方式等情况的图样，如屋顶形式、屋顶坡度、檐口形式、楼板布置方式、楼梯的形式及其简要的结构、构造等。

有特殊设备的房间，如卫生间、实验室等，需用详图标明固定设备的位置、形状及其细部做法等。局部构造详图中如墙身、楼梯、门窗、台阶、阳台等都要分别画出。有特殊装修的房间，需绘制装修详图。

识读口诀

剖面图里要素全，其他图里看不见
内部结构全展现，复杂烦琐都解决
线型多变含义全，虚实粗细仔细看
混凝土用粗实线，门窗洞口用细线
定位轴线标齐全，标高符号要全面

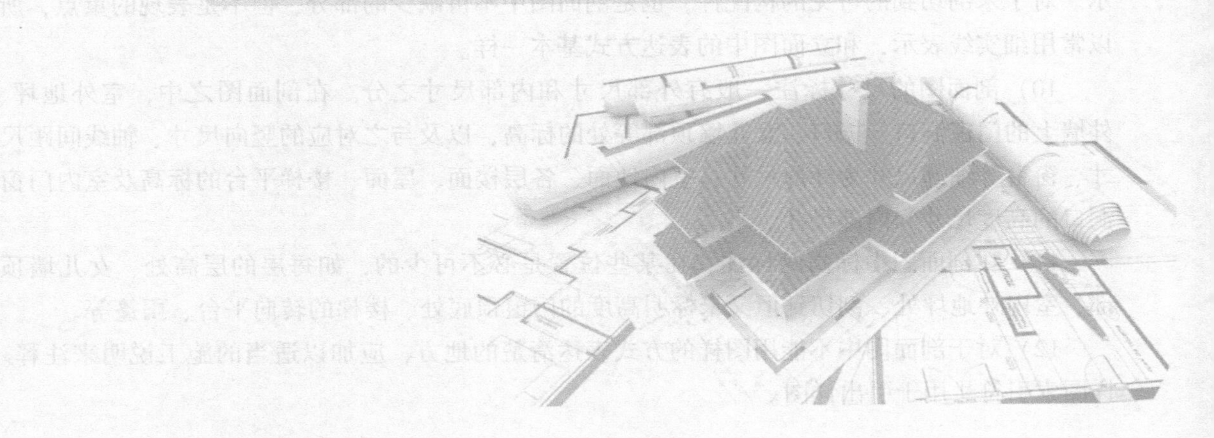

第一节 建筑剖面图的内容

1）建筑剖面图的图名用阿拉伯数字、罗马数字或拉丁字母加“剖面图”形成。

2）建筑剖面图的比例常用1：100，有时为了专门表达建筑的局部时，剖面图比例可以用1：50。

3）在建筑剖面图中，定位轴线的绘制与平面图中相似，通常只需画出承重外墙体的轴线及编号。轻质隔墙或其他非重要部位的轴线一般不用画出，需要时，可以标明到最临近承重墙体轴线的距离。

4）剖切到的构配件主要有剖切到的屋面（包括隔热层及吊顶），楼面，室内外地面（包括台阶、明沟及散水等），内外墙身及其门、窗（包括过梁、圈梁、防潮层、女儿墙及压顶），各种承重梁和连系梁，楼梯梯段及楼梯平台，雨篷及雨篷梁，阳台，走廊等。

5）在建筑剖面图中，因为室内外地面的层次和做法一般都可以直接套用标准图集，所以剖切到的结构层和面层的厚度在使用1：100的比例时只需画两条粗实线表示，使用1：50的比例时，除了画两条粗实线外，还需在上方再画一条细实线表示面层，各种材料的图块要用相应的图例填充。

6）楼板底部的粉刷层一般不用表示，其他可见的轮廓线（如门窗洞口、内外墙体的轮廓、栏杆扶手、踢脚、勒脚等）均要用粗实线表示。

7）有地下室的房屋，还需画出地下部分的室内外地面及构件，下部截止到地面以下基础墙的圈梁以下，用折断线断开。除了此种情况以外，其他房屋则不需画出室内外地面以下的部分。

8）在剖面图中，主要表达的是楼地面、屋顶、各种梁、楼梯段及平台板、雨篷与墙体的连接等。当使用1：100的比例时，这些部位很难显示清楚。被剖切到的构配件当比例小于1：100时，可简化图例，如钢筋混凝土可涂黑；比较复杂的部位，常采用详图索引的方式另外引出，再画出局部的节点详图，或直接选用标准图集的构造做法。楼梯间的剖面，要表达清楚被剖切到的梯段和休息平台的断面形式；没有被剖切到的梯段，要绘出楼梯扶手的样式投影图。

9）在剖面图中，主要表达的是剖切到的构配件的构造及其做法，所以常用粗实线表示。对于未剖切到的可见的构配件，也是剖面图中不可缺少的部分，但不是表现的重点，所以常用细实线表示，和立面图中的表达方式基本一样。

10）剖面图的尺寸标注一般有外部尺寸和内部尺寸之分。在剖面图之中，室外地坪、外墙上的门窗洞口、檐口、女儿墙顶部等处的标高，以及与之对应的竖向尺寸、轴线间距尺寸、窗台等细部尺寸为外部尺寸；室内地面、各层楼面、屋面、楼梯平台的标高及室内门窗洞口的高度尺寸为内部尺寸。

11）在剖面图中标高的标注，在某些位置是必不可少的，如每层的层高处、女儿墙顶部、室内外地坪处、剖切到但又未标明高度的门窗顶底处、楼梯的转向平台、雨篷等。

12）对于剖面图中不能用图样的方式表达清楚的地方，应加以适当的施工说明来注释。详图索引符号用于引出详图。

第二节 建筑剖面图的识读技巧

1）先看图名、轴线编号和绘图比例。将剖面图与底层平面图对照，确定建筑剖切的位置和投影的方向，从中了解剖面图表现的是房屋哪部分、向哪个方向的投影。

2）看建筑重要部位的标高，如女儿墙顶的标高、坡屋面屋脊的标高、室外地坪与室内地坪的高差、各层楼面及楼梯转向平台的标高等。

3）看楼地面、屋面、檐线及局部复杂位置的构造。楼地面、屋面的做法通常在建筑施工图的第一页建筑构造中选用了相应的标准图集，与图集不同的构造通常用一引出线指向需要说明的部位，并按其构造层次依次列出材料等说明，有时绘制在墙身大样图中。

4）看剖面图中某些部位坡度的标注，如坡屋面的倾斜度、平屋面的排水坡度、入口处的坡道、地下室的坡道等需要做成斜面的位置，通常这些位置都标注有坡度符号，如 1%或 1∶10 等。

5）看剖面图中有无索引符号。剖面图不能表达清楚的地方，应注有索引符号，对应详图看剖面图，才能将剖面图真正看明白。

知识扩展

1）全剖面图，用剖切面完全剖开形体的剖面图称为全剖面图，简称全剖面，如图 6-1 所示。

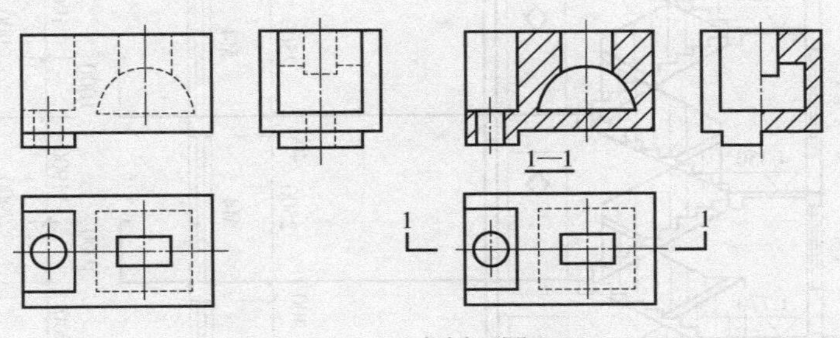

图 6-1　全剖面图

2）半剖面图，当形体具有对称平面时，向垂直于对称平面的投影面上投影所得的图形，可以以对称中心线为界，一半画成剖面图，另一半画成视图，这种剖面图称为半剖面图，简称半剖面，如图 6-2 所示。

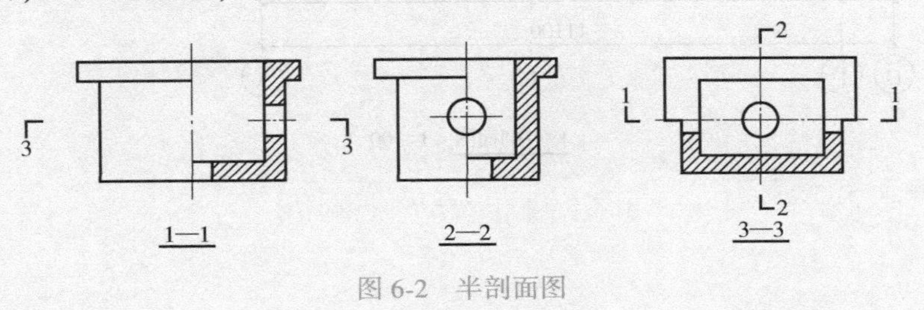

图 6-2　半剖面图

第三节 建筑剖面图的实例识读

一、某住宅楼 1—1 剖面图识读

某住宅楼 1—1 剖面图，如图 6-3 所示。

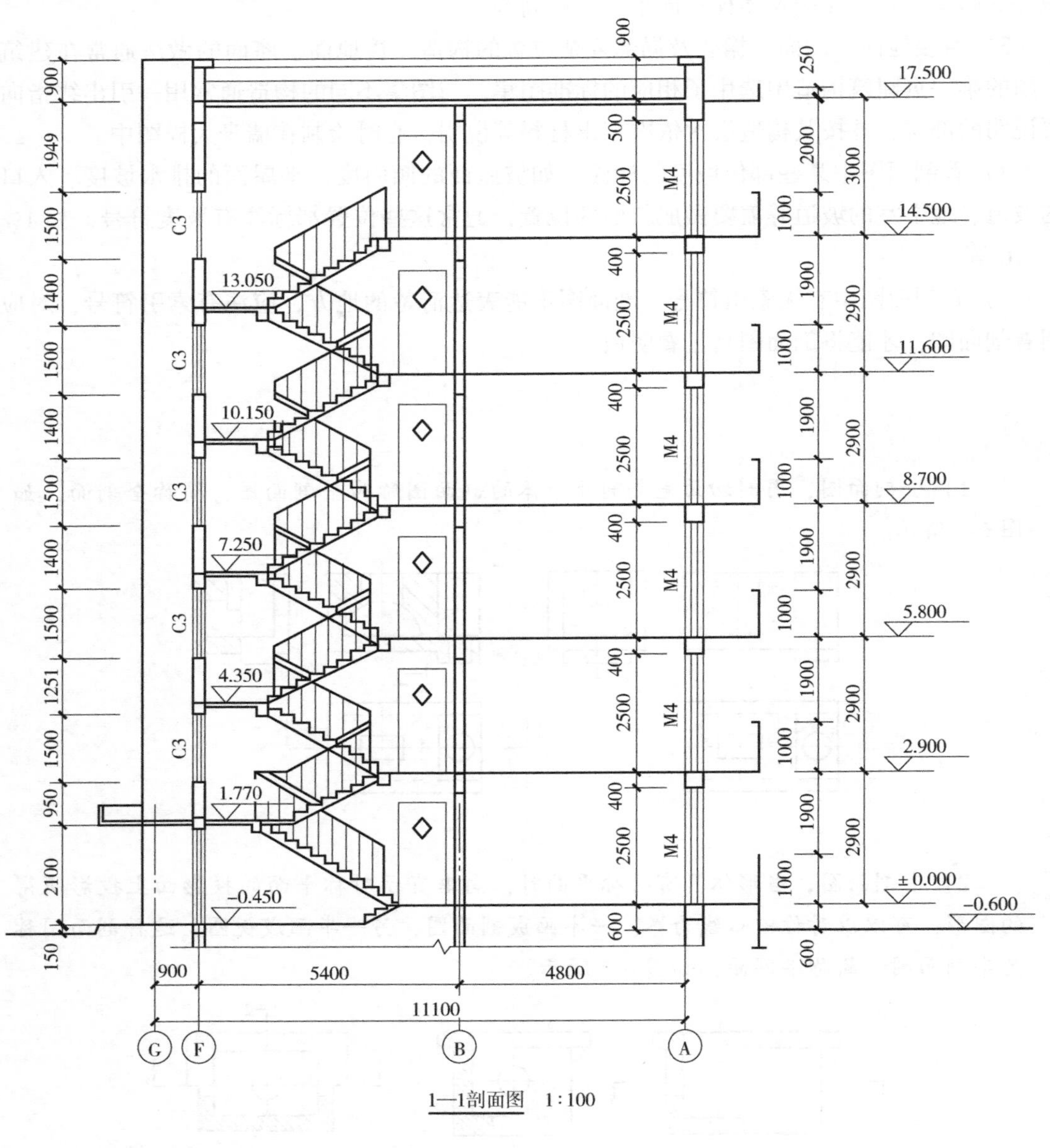

图 6-3 某住宅楼 1—1 剖面图

1）图中Ⓐ和Ⓑ轴间距为4800mm，Ⓑ和Ⓕ轴间距为5400mm，Ⓕ和Ⓖ轴间距为900mm。

2）室外地坪高度为-0.600m，一层室内标高为±0.000m，则室内外高差为600mm。另外，还可见各层室内地面标高分别为2.900m，5.800m等。

3）图中Ⓐ轴墙上有推拉门M4（所有门、窗的编号需查阅平面图），且门外（右侧）有阳台，阳台栏板高度为1000mm，栏板顶部距上层地面高度为1900mm，六层阳台的上方雨篷的高度为250mm。一~五层层高均为2900mm，六层层高为3000mm。Ⓑ轴为客厅与楼梯间的隔墙。Ⓕ轴处墙上设有窗C3，其高度由Ⓖ轴左侧的尺寸标注可知为1500mm，另外还可知各层窗台距下层窗过梁下皮的间距，女儿墙高为900mm。

4）由内部高度方向尺寸可知，推拉门M4洞口高度为2500mm，上方过梁高度为400mm。

5）图中Ⓐ轴上方的梁与Ⓐ和Ⓑ轴间楼板由钢筋混凝土现浇为一体，断面形状为矩形。阳台地面与栏板自成一体。

6）楼梯的建筑形式为双跑式楼梯，结构形式为板式楼梯，装有栏杆。向右上方倾斜的梯段均用粗实线绘出，表示被切断之意；向左上方倾斜的梯段为细实线绘出，表示未被切断但可见。其他部分粗、细实线的区分之意亦如此。

知识扩展

隔墙是指建筑中不承受任何外来荷载只起到分隔室内空间作用的墙体，如图6-4所示。

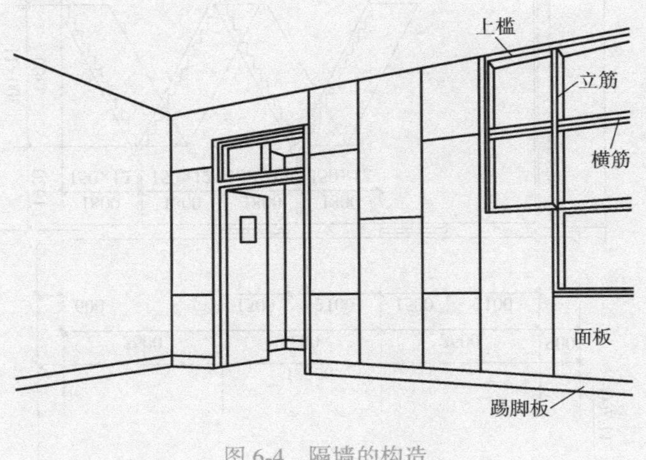

图6-4 隔墙的构造

二、某教学楼 1—1 剖面图识读

某教学楼 1—1 剖面图，如图 6-5 所示。

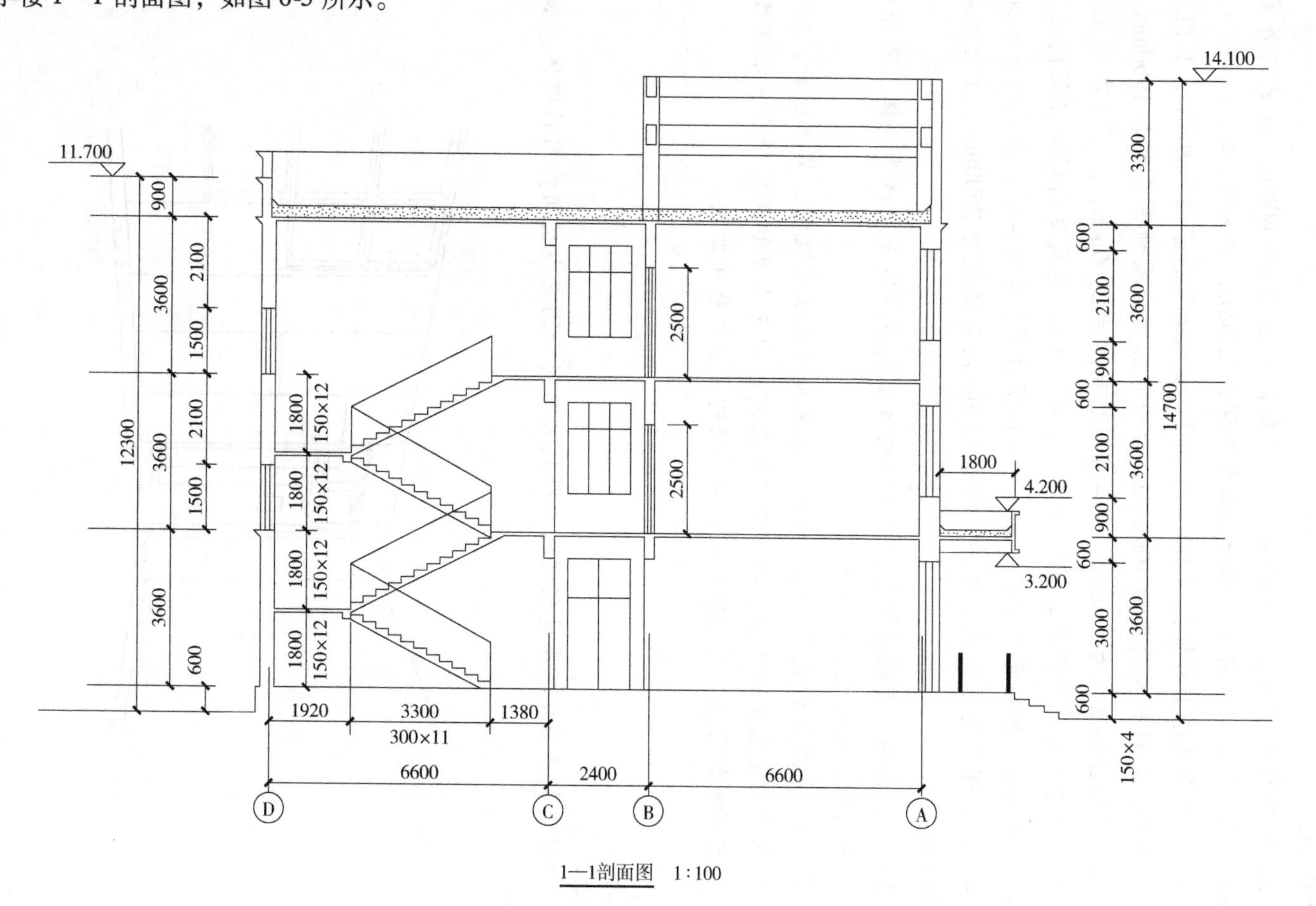

图 6-5 某教学楼 1—1 剖面图

1）图名是某教学楼1—1剖面图，由此编号可在这座教学楼的底层平面图中找到对应的编号为1的剖切符号，可知1—1剖面图为阶梯剖面图，剖切位置通过楼梯间的窗洞，在走廊处转折后再通过定位轴线④、⑤之间门厅的门洞，投射方向向右。对照这座教学楼的其他层平面图可以看出，通过楼梯间的剖切平面都是剖切各层西侧的楼梯段，另一剖切平面都是剖切西边的普通教室，并通过该教室的门和窗。

1—1剖面图的比例是1∶100。在建筑剖面图中，凡是被剖切到的墙、柱都要画出定位轴线并标注定位轴线间的距离，以便与建筑平面图对照阅读。

2）在建筑剖面图中，应画出房屋基础以上被剖切到的建筑构配件，从而了解这些建筑构配件的位置、断面形状、材料和相互关系。剖切到的墙体有轴线编号为Ⓐ、Ⓓ的两道外墙和编号为Ⓑ的内墙，剖切到了墙身的门窗洞顶面、屋面板底面、楼梯段、休息平台。还剖切到了这座教学楼入口上方的雨篷。

3）在建筑剖面图中还应画出未剖切到但按投影方向能看到的建筑构配件。图中画出了楼梯间内可见到的楼梯段和栏杆。

4）在建筑剖面图中应标注房屋沿垂直方向的内外部尺寸和各部位的标高。外部通常标注三道尺寸，称为外部尺寸，从外到内依次为总高尺寸、层高尺寸和外墙细部尺寸。从图中可以看出，左右均标注出了三道尺寸，这座教学楼总高度为14.700m，每层层高均为3.600m，在图的左边最里边的尺寸标注了定位轴线编号为Ⓓ的外墙上窗洞的高度和洞间墙的高度。在图的右边标注出了定位轴线编号为Ⓐ的外墙上窗洞的高度和洞间墙的高度。

在房屋的内部标注出了Ⓑ轴门洞的高度，楼梯休息平台的高度。在图中还注明了雨篷的底面和顶层、屋面、女儿墙顶面的标高。图中还标注了楼梯段的宽度和高度、楼梯的台阶宽度、高度和数量。

三、某企业员工宿舍楼 1—1 剖面图识读

某企业员工宿舍楼 1—1 剖面图，如图 6-6 所示。

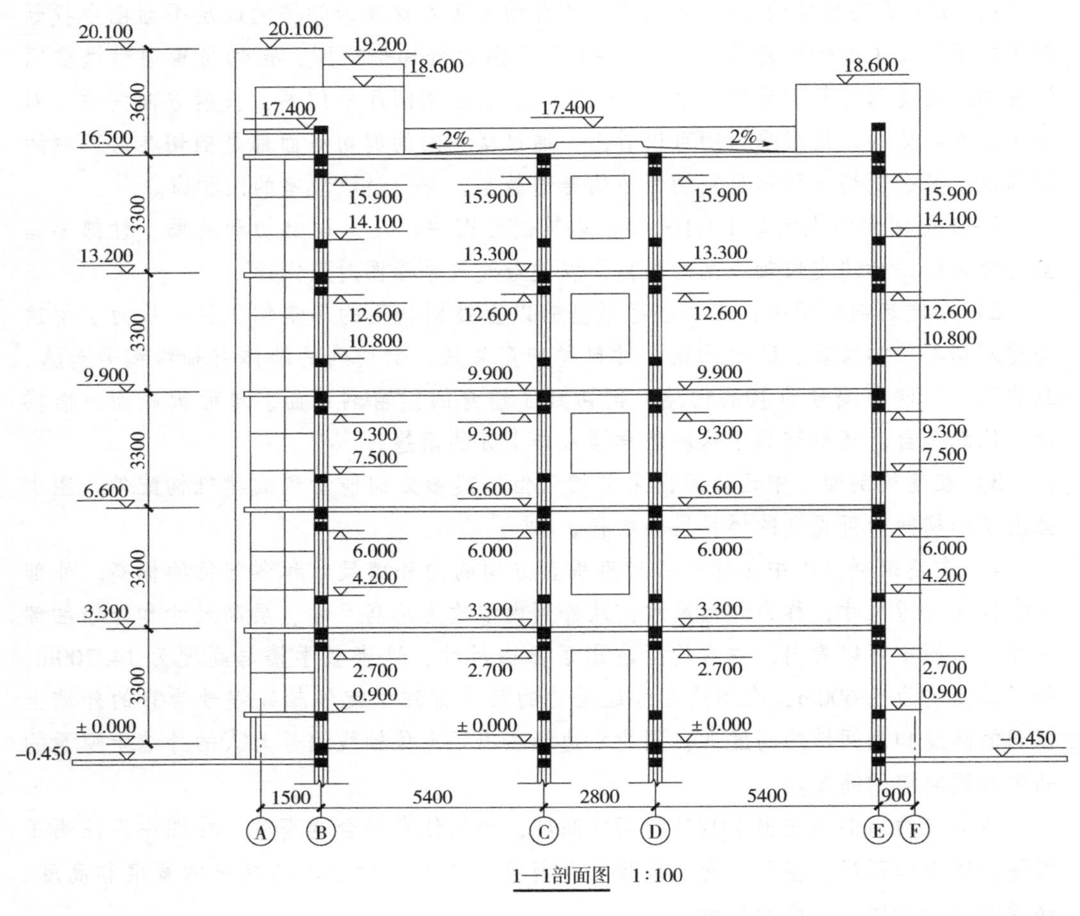

图 6-6 某企业员工宿舍楼 1—1 剖面图

1）看图名和比例可知，该剖面图为某企业员工宿舍楼1—1剖面图，比例为1∶100。

2）1—1剖面图表示的是建筑Ⓐ~Ⓕ轴之间的空间关系。表达的主要是宿舍房间及走廊的部分。

3）从图中可以看出，该房屋为五层楼房，平屋顶，屋顶四周有女儿墙，为混合结构。屋面排水采用材料找坡2%的坡度；房间的层高分别为±0.000m、3.300m、6.600m、9.900m、13.200m。屋顶的结构标高为16.500m。宿舍的门高度均为2700mm，窗户高度为1800mm，窗台离地900mm。走廊端部的墙上中间开一窗，窗户高度为1800mm。剖切到的屋顶女儿墙高900mm，墙顶标高为17.400m。能看到的但未剖切到的屋顶女儿墙高低不一，高度分别为2100mm、2700mm、3600mm，墙顶标高为18.600m、19.200m、20.100m。从建筑底部标高可以看出，此建筑的室内外高差为450mm。底部的轴线尺寸标明，宿舍房间的进深尺寸为5400mm，走廊宽度为2800mm。另外有局部房间尺寸凸出主轴线，如Ⓐ轴到Ⓑ轴间距1500mm，Ⓔ轴到Ⓕ轴间距900mm。

知识扩展

屋顶坡度类型，如图6-7所示。

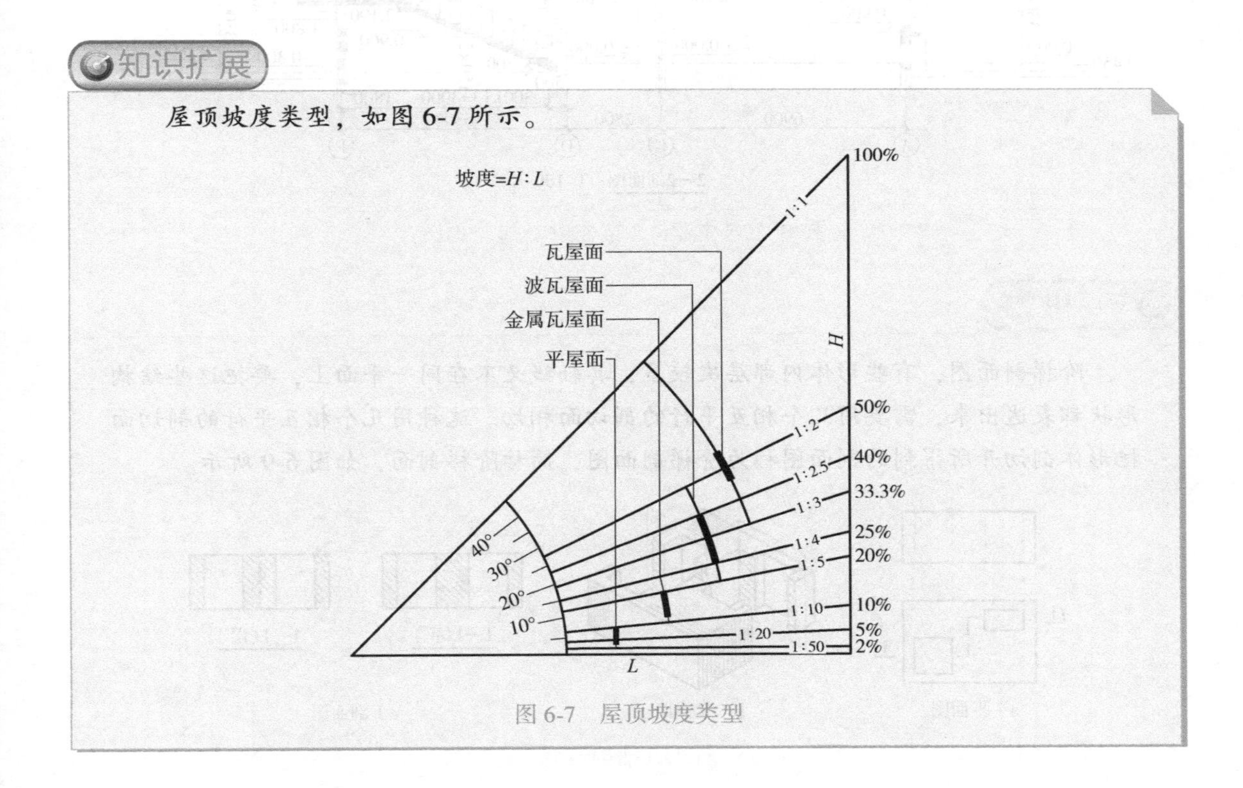

图6-7 屋顶坡度类型

四、某企业员工宿舍楼 2—2 剖面图识读

某企业员工宿舍楼 2—2 剖面图，如图 6-8 所示。

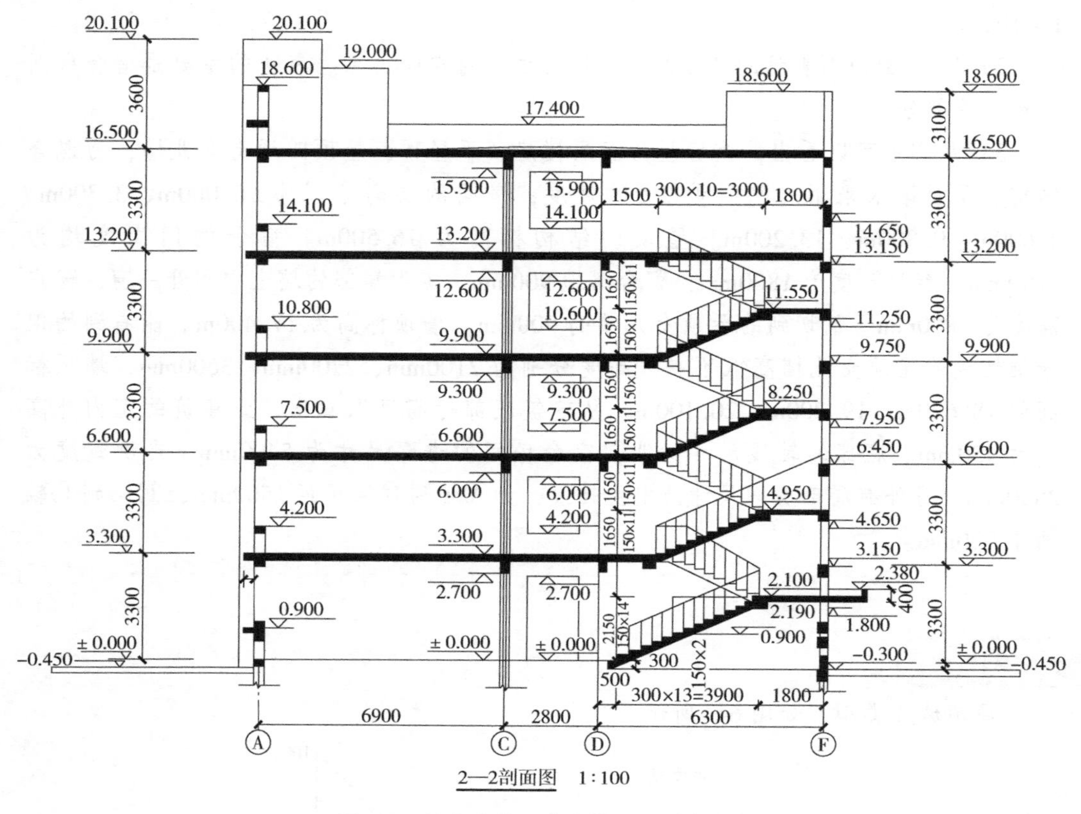

图 6-8 某企业员工宿舍楼 2—2 剖面图

知识扩展

阶梯剖面图，有些形体内部层次较多，其轴线又不在同一平面上，要把这些结构形状都表达出来，需要用几个相互平行的剖切面相切。这种用几个相互平行的剖切面把形体剖切开所得到的剖面图称为阶梯剖面图，简称阶梯剖面，如图 6-9 所示。

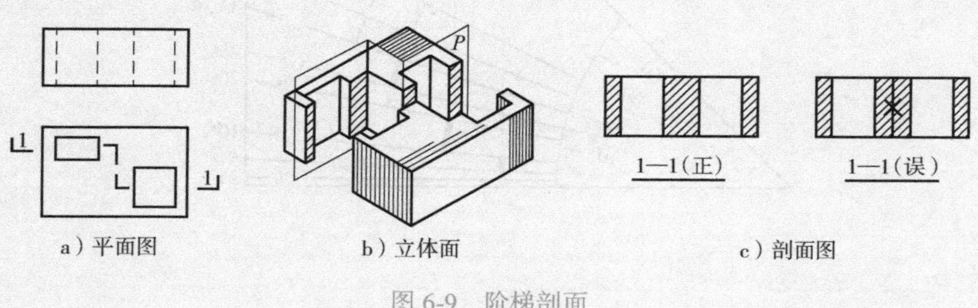

图 6-9 阶梯剖面

1）看图名和比例可知，该图为某企业员工宿舍楼2—2剖面图，比例为1∶100。在对应建筑的首层平面图，找到剖切的位置和投射的方向。

2）2—2剖面图表示的是建筑Ⓐ~Ⓕ轴之间的空间关系。表达的主要是楼梯间的详细布置及与宿舍房间的关系。

3）从2—2剖面图可以看出建筑的出入口及楼梯间的详细布局。在Ⓕ轴处为建筑的主要出入口，门口设有坡道，高150mm（从室外地坪标高-0.450m和楼梯间门内地面标高-0.300m可算出）；门高2100mm（从门的下标高为-0.300m，上标高为1.800m得出）；门口上方设有雨篷，雨篷高400mm，顶标高为2.380m。进入到楼梯间，地面标高为-0.300m，通过两个总高度为300mm的踏步上到一层房间的室内地面高度（即±0.000m标高处）。

4）每层楼梯都是由两个梯段组成。除一层外，其余梯段的踏步数量及宽、高尺寸均相同。一层的楼梯特殊些，设置成了长短跑。即第一个梯段较长（共有13个踏步面，每个踏步面宽300mm，共有3900mm长），上的高度较高（共有14个踏步高，每个踏步高150mm，共有2100mm高）；第二个梯段较短（共有7个踏步面，每个踏步面宽300mm，共有2100mm长），上的高度较低（共有8个踏步高，每个踏步高150mm，共有1200mm高）。这样做的目的主要是将一层楼梯的转折处的中间休息平台抬高，使行人在平台下能顺利通过。可以看出，休息平台的标高为2.100m，地面标高为-0.300m，所以下面空间高度（包含楼板在内）为2400mm。除去楼梯梁的高度350mm，平台下的净高为2050mm。这样就满足了《民用建筑设计统一标准》（GB 50352—2019）第6.8.6条“楼梯平台上部及下部过道处的净高不应小于2m”的规定。二~五层的楼梯均由两个梯段组成，每个梯段有11个踏步，每个踏步高150mm、宽300mm，所以梯段的长度为300mm×10=3000mm，高度为150mm×11=1650mm。楼梯间休息平台的宽度均为1800mm，标高分别为2.100m、4.950m、8.250m、11.550m。在每层楼梯间都设有窗户，窗的底标高分别为3.150m、6.450m、9.750m、13.150m，窗顶标高分别为4.650m、7.950m、11.250m、14.650m。每层楼梯间的窗户距中间休息平台高1500mm。

5）与图6-7所示1—1剖面图不同的是，走廊底部是门的位置。门的底标高为±0.000m，顶标高为2.700m。1—1剖面图的Ⓓ轴线表明是被剖切到的是一堵墙；而2—2剖面图只是画了一个单线条，并且用细实线表示，它说明走廊与楼梯间是相通的，该楼梯间不是封闭的楼梯间，人流可以直接走到楼梯间再上到上面几层。单线条是可看到的楼梯间两侧墙体的轮廓线。

6）另外，在Ⓐ轴线处的窗户与普通窗户设置方法不太一样。它的玻璃不是直接装在墙体中间的洞口上的，而是附在墙体外侧，并且通上一直到达屋顶的女儿墙的装饰块处。实际上，它就是一个整体的玻璃幕墙，从外立面看，是一个整块的玻璃。玻璃幕墙的做法有隐框和明框之分，详细做法可以参考标准图集。每层层高处在外墙外侧伸出装饰性的挑檐，挑檐宽300mm，厚度与楼板相同。每层窗洞口的底标高分别为0.900m、4.200m、7.500m、10.800m、14.100m，窗洞口顶标高由每层的门窗过梁决定（用每层层高减去门窗过梁的高度可以得到）。

五、某物业楼剖面图识读

某物业楼的剖面图，如图 6-10 所示。

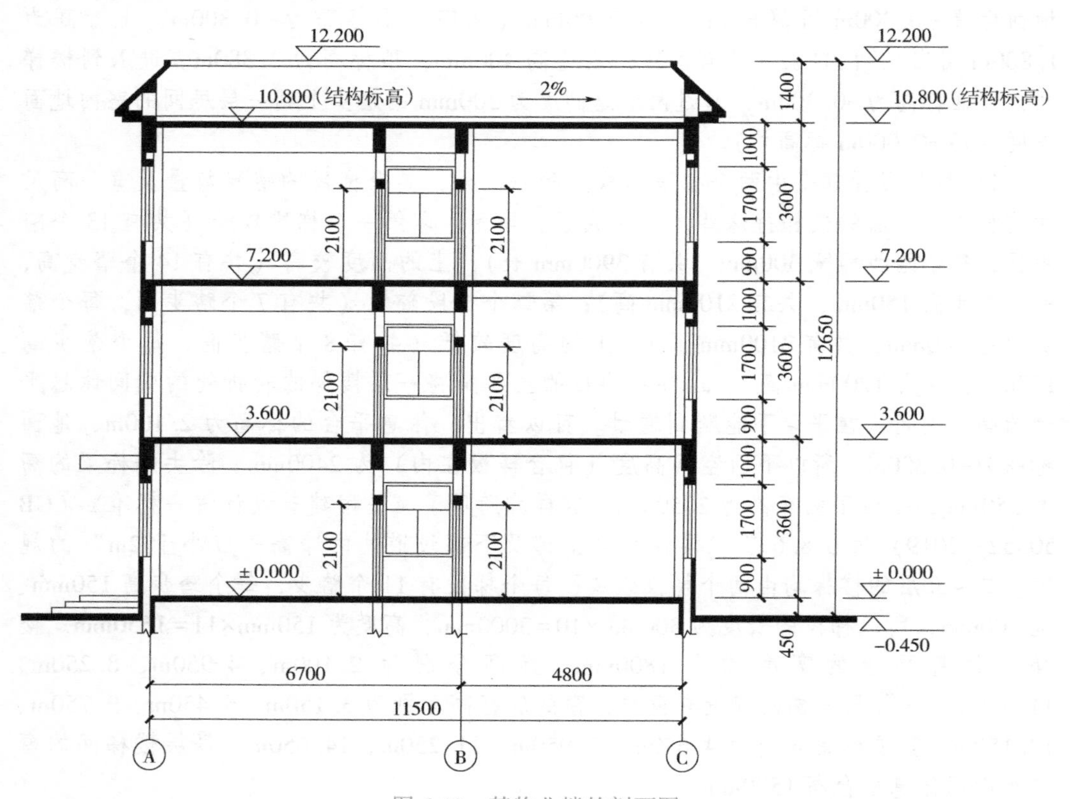

图 6-10　某物业楼的剖面图

该图样反映了该楼从地面到屋面的内部构造和结构形式，可以看到正门的台阶和雨篷。基础部分一般不画，其在“结施”基础图中表示。从图中右侧给出的标高可知该楼地面以上总高度为 12.65m，楼层高 3.6m，屋顶围墙高 1.4m。外墙面上的窗洞高 1.7m，窗台面至本层楼面高度为 900mm，窗顶至上层楼面高度为 1000mm。内部办公室门洞高 2.1m。屋面标高 10.800m，该标高为结构标高。

六、某办公大楼剖面图识读

某办公大楼剖面图，如图 6-11 所示。

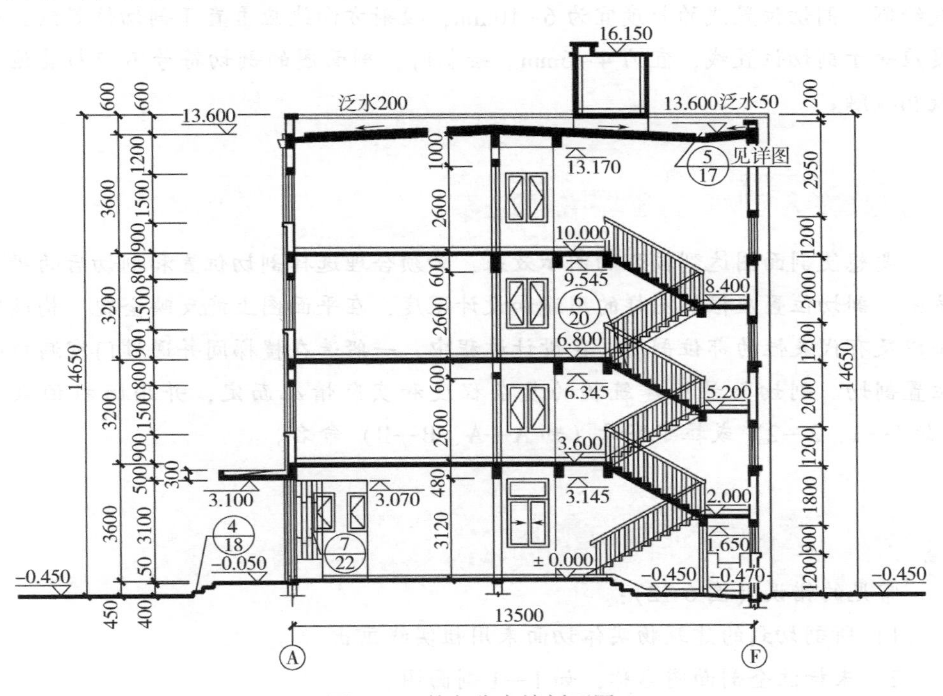

图 6-11　某办公大楼剖面图

1）图中反映了该楼从地面到屋面的内部构造和结构形式，该剖面图还可以看到正门的台阶和雨篷。

2）基础部分一般不画，它在“结施”基础图中表示。

3）图中给出该楼地面以上最高高度为 16.150m，一层、四层楼层高 3.6m，二层、三层楼层高 3.2m。

4）Ⓐ轴线外墙面上二～四层的窗洞高 1.5m，二～四层的窗台高 900mm，窗顶至上层楼面高度一层为 500mm，二、三层为 800mm。

第四节 建筑剖面图疑惑解析

1. 剖面图的剖切位置在哪

我国规定，剖面图的剖切符号由剖切位置线及投射方向线组成，均应以粗实线绘制。剖切位置线的长度宜为6~10mm；投射方向线应垂直于剖切位置线，长度应短于剖切位置线，宜为4~6mm。绘制时，剖面图的剖切符号不应与其他图线相接触。

2. 识读建筑剖面图时有哪些点需要注意

要想使剖面图达到较好的图示效果，必须合理选择剖切位置和剖切后的投射方向。剖切位置应根据图样的用途和设计深度，在平面图上能反映全貌、构造特征以及有代表性的部位剖切。在设计过程中，一般选在楼梯间并通过门窗洞口的位置剖切。剖切数量视建筑物的复杂程度和实际情况而定，并用阿拉伯数字（如1—1、2—2）或拉丁字母（如A—A、B—B）命名。

3. 建筑剖面图中常见的错误有哪些

常见的错误（图6-12）：

1）所剖切到的建筑物实体切面未用粗实线画出。

2）未标注全剖面图名称，如1—1剖面图。

3）缺少地下室标高。

4）缺少总尺寸线。

解决措施（图6-13）：

1）《民用建筑工程施工图设计深度图样》（09J801）4.3剖面图【补充说明】第4.3.1条第1款规定：用粗实线画出所剖切到的建筑实体切面（如墙体、梁、板、楼面、楼梯、屋面板层等），标注必要的相关尺寸和标高。

2）《民用建筑工程施工图设计深度图样》（09J801）4.3剖面图【补充说明】第4.3.3条规定：尺寸和尺寸标注。尺寸一般为三道标注。第一道各层门窗洞口高度及楼面关系尺寸；第二道层高尺寸（有地下室亦需注明）以及层数和标高；第三道为建筑高度由室外地坪至平屋面挑檐口上皮或女儿墙顶面、坡屋面挑檐口上皮总高度，坡屋面檐口至屋脊高度单注，屋面之上的楼梯间、电梯机房、水箱间等另标注其高度。同时要标注室外地坪、地面、楼面、女儿墙顶面、屋顶最高处的相对标高（屋面有保温找坡层，可注结构板面标高），内部有些门窗洞口、隔断、暖沟、地坑等尺寸可注在剖面图上。

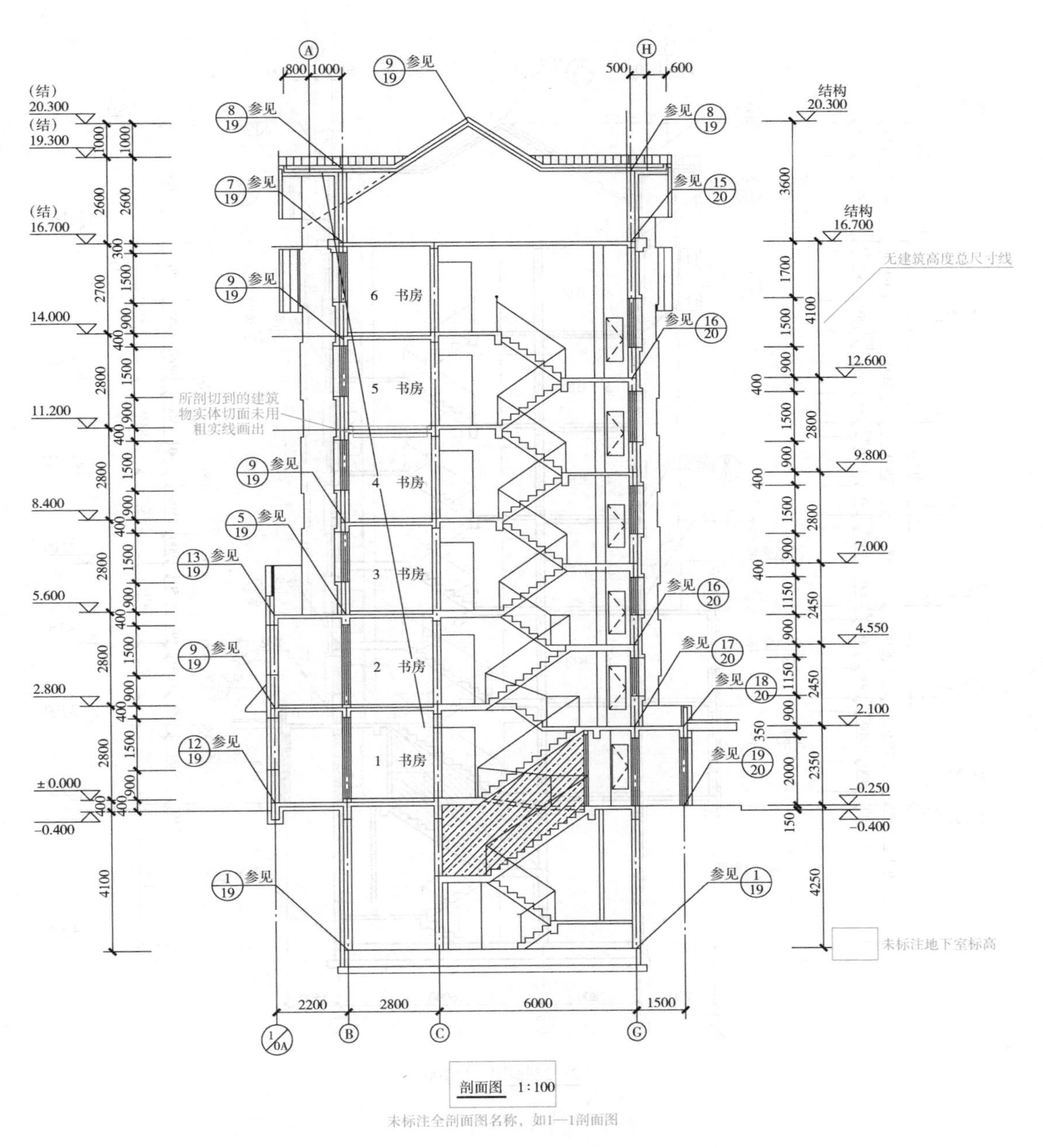

图 6-12 某住宅剖面图错误示例

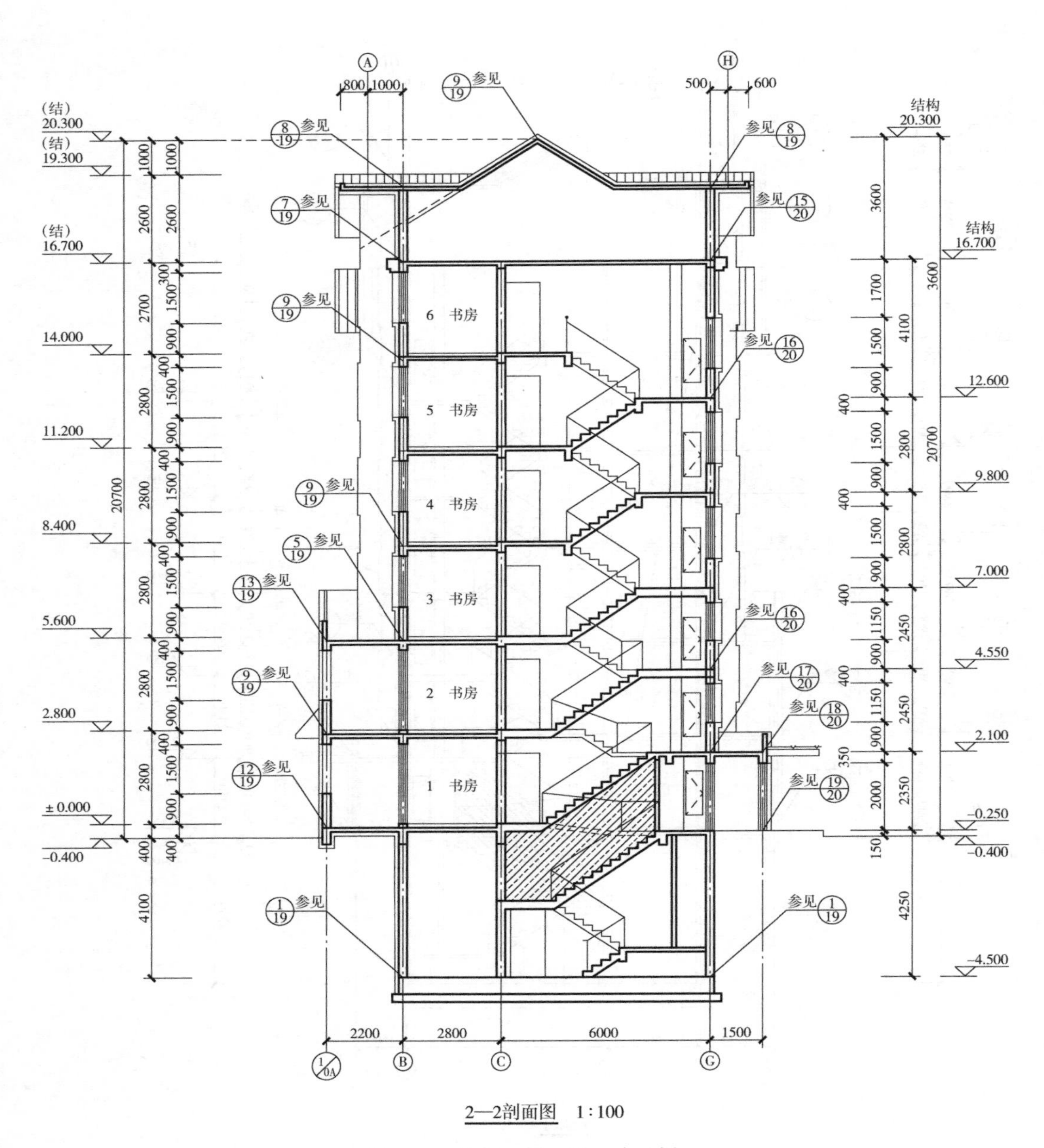

2—2剖面图　1∶100

图 6-13　某住宅剖面图正确示例

第七章

建筑详图
（节点大样图、门窗大样图等）的识读

在实际中对建筑物的一些节点、建筑构配件形状、材料、尺寸、做法等用较大比例图样表示，称为建筑详图或详图，有时也称大样图。

建筑详图是建筑细部构造的施工图，是建筑平、立、剖面图的补充。建筑详图的绘制其实就是一个重新设计的过程，是在局部对建筑物进行的设计。建筑施工图中需要表达清楚的地方，都要绘制出详图。

识读口诀

建筑详图很重要，听我慢慢和你唠
外墙节点各构造，标明索引不难找
楼梯详图专列项，规范要求真不少
门窗详图种类全，不同规格合模数
厨卫大样不能少，卫生设备要选好
建筑详图是个宝，工程做法全明了

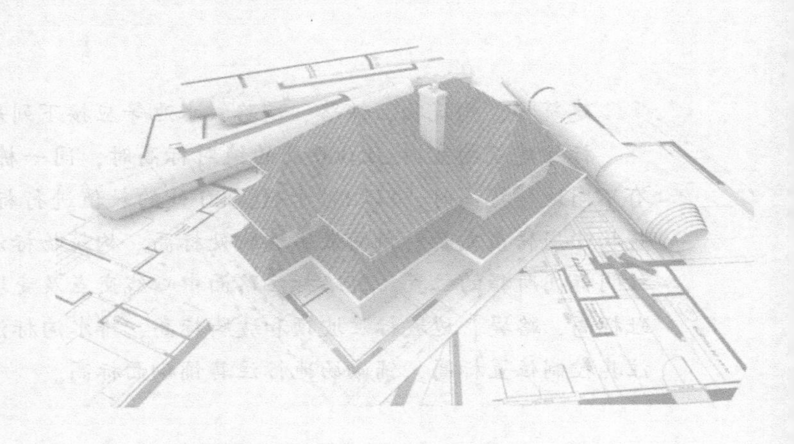

第一节 建筑楼梯详图的识读

一、建筑楼梯详图的图示内容

建筑楼梯详图的图示内容，如图 7-1 所示。

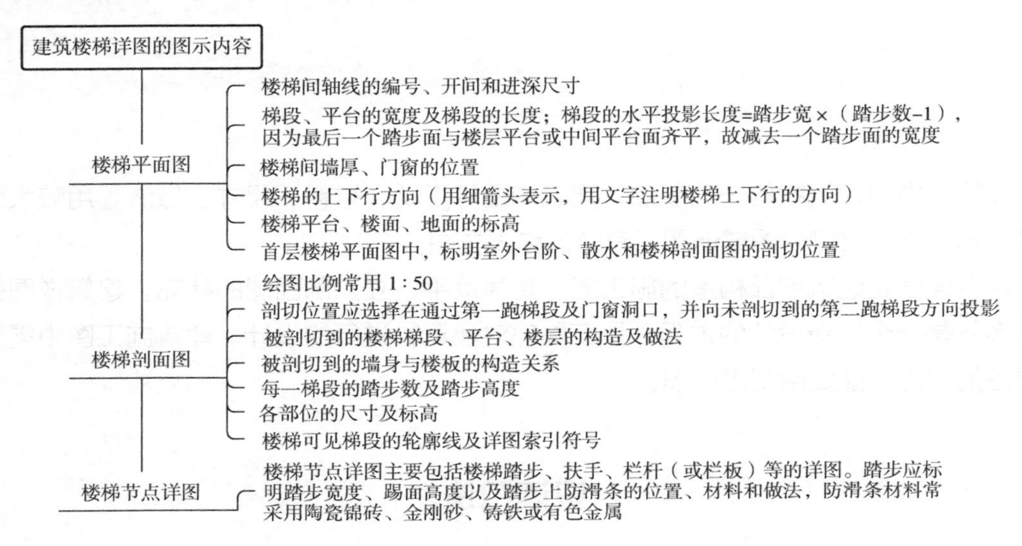

图 7-1 建筑楼梯详图的图示内容

为了保障人们的行走安全，在楼梯梯段或平台临空一侧，应设置栏杆和扶手。在详图中主要标明栏杆和扶手的形式、材料、尺寸以及栏杆与扶手、踏步的连接做法，常选用建筑构造通用图集中的节点做法，与详图索引符号对照可查阅相关标准图集，得到它们的断面形式、细部尺寸、用料、构造连接和面层装修做法等。

标高注法

建筑物、构筑物、铁路、道路、水池等应按下列规定标注有关部位的标高：

标注建筑物室内±0.000 处的绝对标高时，同一栋建筑物内宜标注一个标高；当有不同地坪标高时，以相对于±0.000 处的数值进行标注。建筑物室外散水，标注建筑物四周转角或两对角的散水坡脚处标高。构筑物标注其有代表性的标高，并用文字注明标高所指的位置。道路标注路面中心线交点及变坡点标高。挡土墙标注墙顶和墙趾标高，路堤、边坡标注坡顶和坡脚标高，排水沟标注沟顶和沟底标高。场地平整标注其控制位置标高，铺砌场地标注其铺砌面标高。

二、建筑楼梯详图的识读技巧

1）明确该详图与有关图的关系，根据所采用的索引符号、轴线编号、剖切符号等明确该详图所示部分的位置，将局部构造与建筑物整体联系起来，形成完整的概念。

2）识读建筑详图的时候，要细心研究，掌握有代表性部位的构造特点，并灵活运用。

3）一个建筑物由许多构配件组成，而它们多数属相同类型，因此只要了解其中一个或两个的构造及尺寸，就可以类推其他构配件。

知识扩展

楼梯类型见表 7-1。

表 7-1 楼梯类型

<table>
<tr><th rowspan="2">梯板代号</th><th colspan="2">适用范围</th><th rowspan="2">是否参与结构整体抗震计算</th></tr>
<tr><th>抗震构造措施</th><th>适用结构</th></tr>
<tr><td>AT</td><td rowspan="8">无</td><td rowspan="6">框架、剪力墙、砌体结构</td><td rowspan="10">不参与</td></tr>
<tr><td>BT</td></tr>
<tr><td>CT</td></tr>
<tr><td>DT</td></tr>
<tr><td>ET</td></tr>
<tr><td>FT</td></tr>
<tr><td>GT</td><td>框架结构</td></tr>
<tr><td>HT</td><td>框架、剪力墙、砌体结构</td></tr>
<tr><td>AT_a</td><td rowspan="3">有</td><td rowspan="3">框架结构</td></tr>
<tr><td>AT_b</td></tr>
<tr><td>AT_c</td><td>参与</td></tr>
</table>

注：1. AT_a 低端设滑动支座支承在梯梁上；AT_b 低端设滑动支座支承在梯梁的挑板上。

2. AT_a、AT_b、AT_c 均用于抗震设计，设计者应指定楼梯的抗震等级。

三、建筑楼梯详图的实例识读

1. 某宿舍楼楼梯详图识读

某宿舍楼楼梯平面图，如图7-2所示。

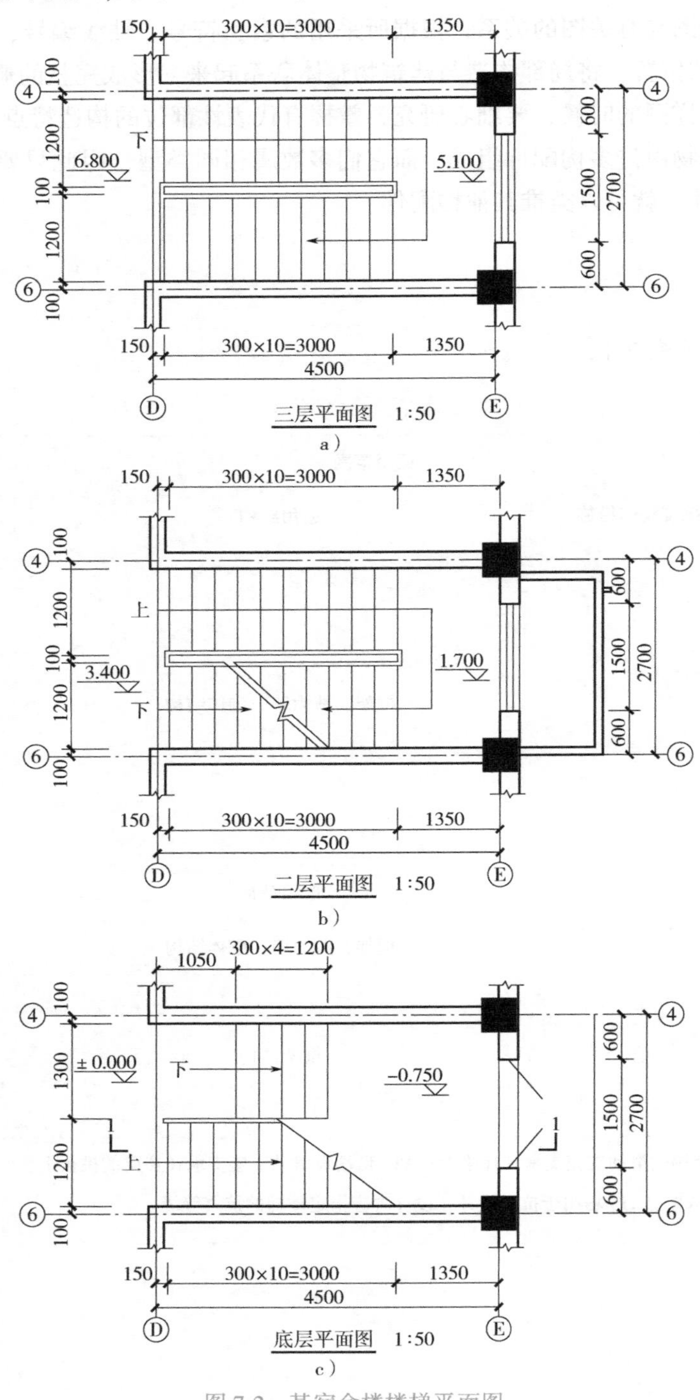

图7-2 某宿舍楼楼梯平面图

1）该宿舍楼楼梯平面图中，楼梯间的开间为2700mm，进深为4500mm。

2）由于楼梯间与室内地面有高差，先上了5级台阶。每个梯段的宽度都是1200mm（底层除外），梯段长度为3000mm，每个梯段都有10个踏面，踏面宽度均为300mm。

3）楼梯休息平台的宽度为1350mm，两个休息平台的高度分别为1.700m、5.100m。

4）楼梯间窗户宽为1500mm。楼梯顶层悬空的一侧，有一段水平的安全栏杆。

知识扩展

建筑楼梯常用图例见表7-2。

表7-2　建筑楼梯常用图例

名称	图例	说明
隔断		（1）加注文字或涂色或图案填充表示各种材料的轻质隔断 （2）适用于到顶与不到顶隔断
栏杆		—
楼梯	下 下 上 上	（1）上图为顶层楼梯平面，中图为中间层楼梯平面，下图为底层楼梯平面 （2）需设置靠墙扶手或中间扶手时，应在图中表示

2. 楼梯剖面图识读

楼梯剖面图，如图 7-3 所示。

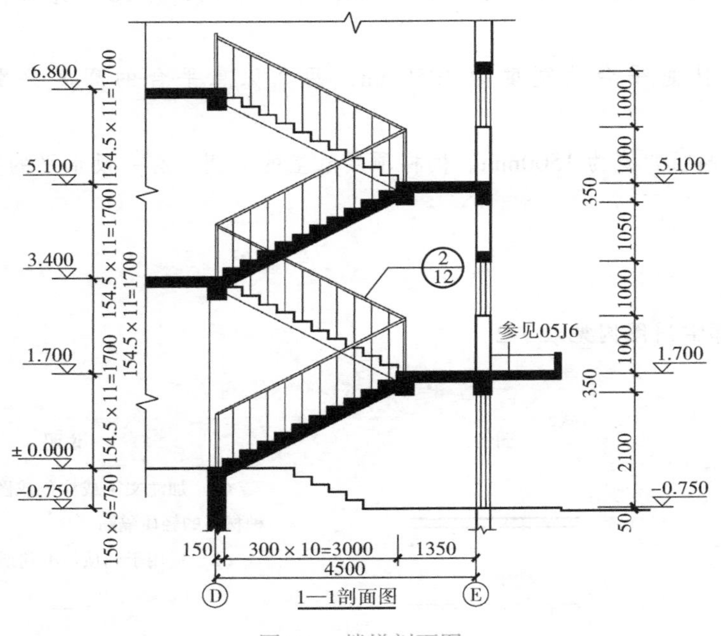

图 7-3　楼梯剖面图

1）该宿舍楼楼梯剖面图中，从底层平面图中可以看出，是从楼梯上行的第一个梯段剖切的。楼梯每层有两个梯段，每一个梯段有 11 级踏步，每级踏步高 154. 5mm，每个梯段高 1700mm。

2）楼梯间窗户和窗台高度都为 1000mm。楼梯基础、楼梯梁等构件尺寸应查阅结构施工图。

3. 楼梯节点详图识读

楼梯节点详图，如图 7-4 所示。

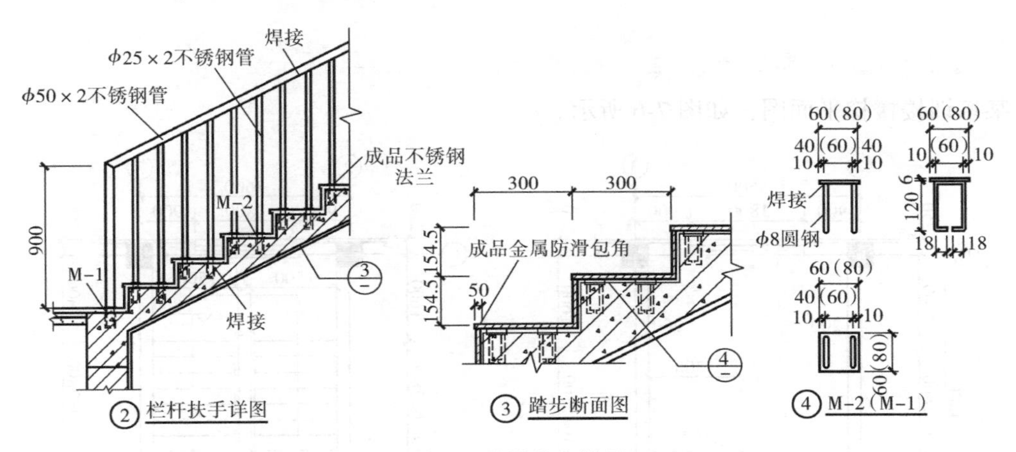

图 7-4 楼梯节点详图

1）楼梯的扶手高 900mm，采用直径 50mm、壁厚 2mm 的不锈钢管，楼梯栏杆采用直径 25mm、壁厚 2mm 的不锈钢管，每个踏步上放两根。

2）扶手和栏杆采用焊接连接。

3）楼梯踏步的做法一般与楼地面相同。踏步的防滑采用成品金属防滑包角。

4）楼梯栏杆底部与踏步上的预埋件 M-1、M-2 焊接连接，连接后盖不锈钢法兰。

5）预埋件详图用三面投影图表示出了预埋件的具体形状、尺寸、做法，括号内表示的是预埋件 M-1 的尺寸。

知识扩展

梁式楼梯的构造，如图 7-5 所示。

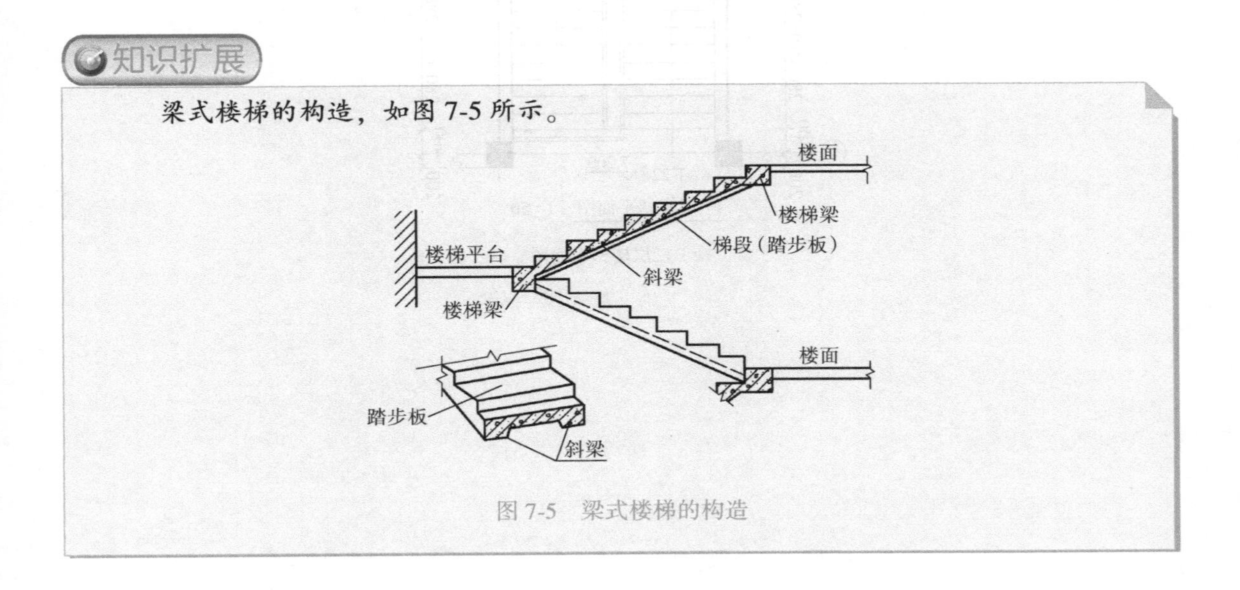

图 7-5 梁式楼梯的构造

4. 某培训楼楼梯平面图识读

某培训楼楼梯平面图，如图 7-6 所示。

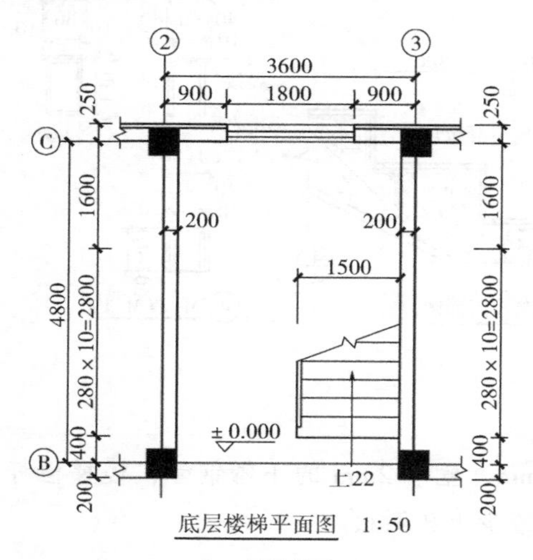

a）一层楼梯平面图

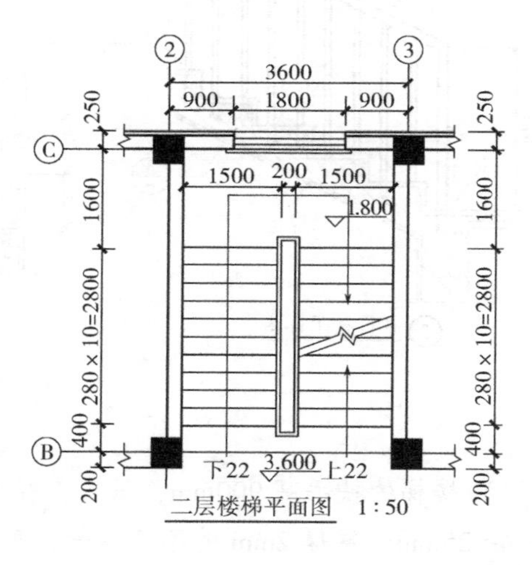

b）二层楼梯平面图

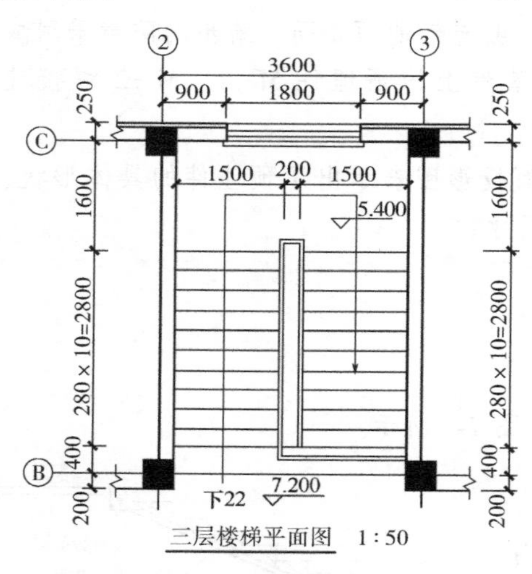

c）三层楼梯平面图

图 7-6　某培训楼楼梯平面图

1）底层楼梯平面图中有一个可见的梯段及护栏。根据定位轴线的编号可从一层平面图中得知楼梯间的位置。从图中标出的楼梯间的轴线尺寸，可知该楼梯间的宽为3600mm，深为4800mm；外墙厚度为250mm，窗洞宽度为1800mm，内墙厚度为200mm。该楼梯为两跑楼梯，图中注有上行方向的箭头。

2）“上22”表示由底层楼面到二层楼面的总踏步数为22。

3）“280×10=2800”表示该梯段有10个踏面，每个踏面宽280mm，梯段水平投影2800mm。

4）地面标高±0.000m。

5）二层平面图中有两个可见的梯段及护栏，因此平面图中既有上行梯段，又有下行梯段。注有“上22”的箭头，表示从二层楼面往上走22级踏步可到达三层楼面；注有“下22”的箭头，表示往下走22级踏步可到达底层楼面。

6）因梯段最高一级踏面与平台面或楼面重合，因此平面图中每一梯段画出的踏面数比步级数少一格。

7）由于剖切平面在护栏上方，所以顶层平面图中画有两段完整的梯段和楼梯平台，并只在梯口处标注一个下行的长箭头。下行22级踏步可到达二层楼面。

知识扩展

两跑楼梯和三跑楼梯构造示意图，如图7-7所示。

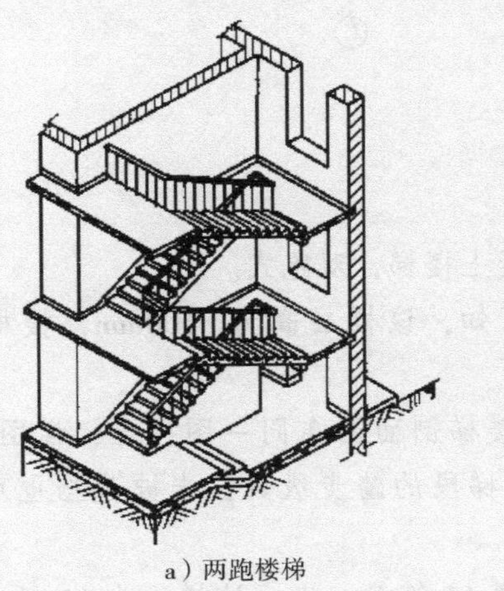

a）两跑楼梯

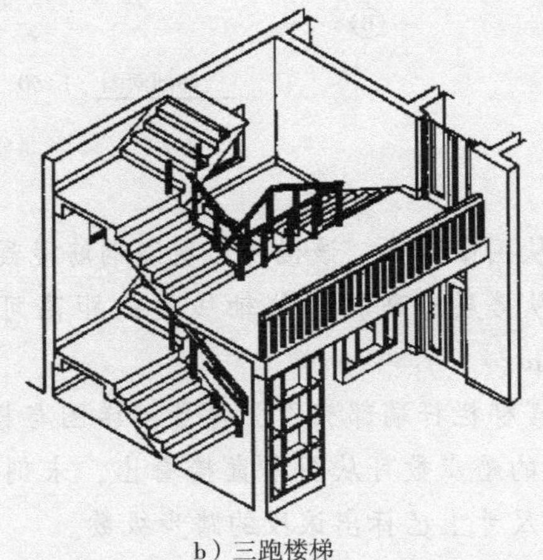

b）三跑楼梯

图7-7 两跑楼梯和三跑楼梯构造示意图

5. 某培训楼楼梯剖面图识读

某培训楼楼梯剖面图，如图 7-8 所示。

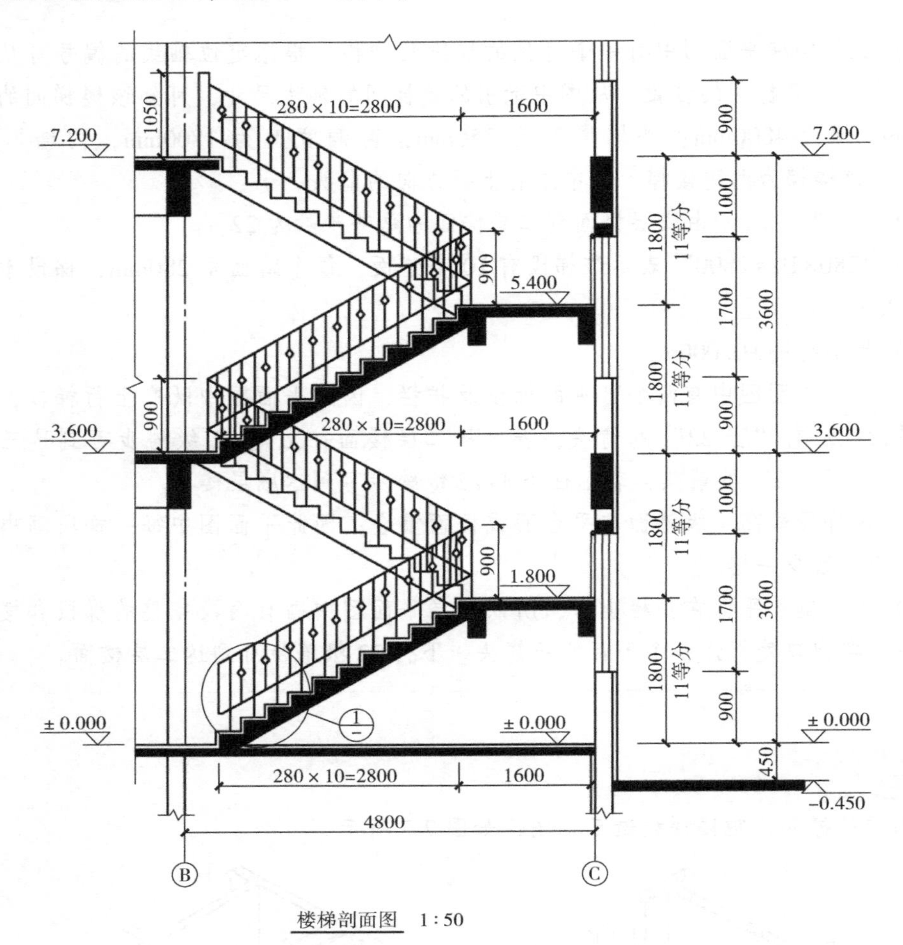

图 7-8　某培训楼楼梯剖面图

1）从图中可知，该楼梯为现浇钢筋混凝土楼梯，双跑式。

2）从楼层标高和定位轴线间的距离可知，该楼层高为 3600mm，楼梯间进深为 4800mm。

3）楼梯栏杆端部有索引符号，详图与楼梯剖面图在同一图样上，详图为①图。被剖梯段的踏步数可从图中直接看出，未剖梯段的踏步级数，未被遮挡也可直接看到，高度尺寸上已标出该段的踏步级数。

4）如第一梯段的高度尺寸 1800，该高度 11 等分，表示该梯段为 11 级，每个踏步的踢面高 163.64mm，整跑梯段的垂直高度为 1800mm。栏杆高度尺寸是从楼面梁至扶手顶面为 900mm。

6. 某培训楼楼梯节点详图识读

某培训楼楼梯节点详图，如图 7-9 所示。

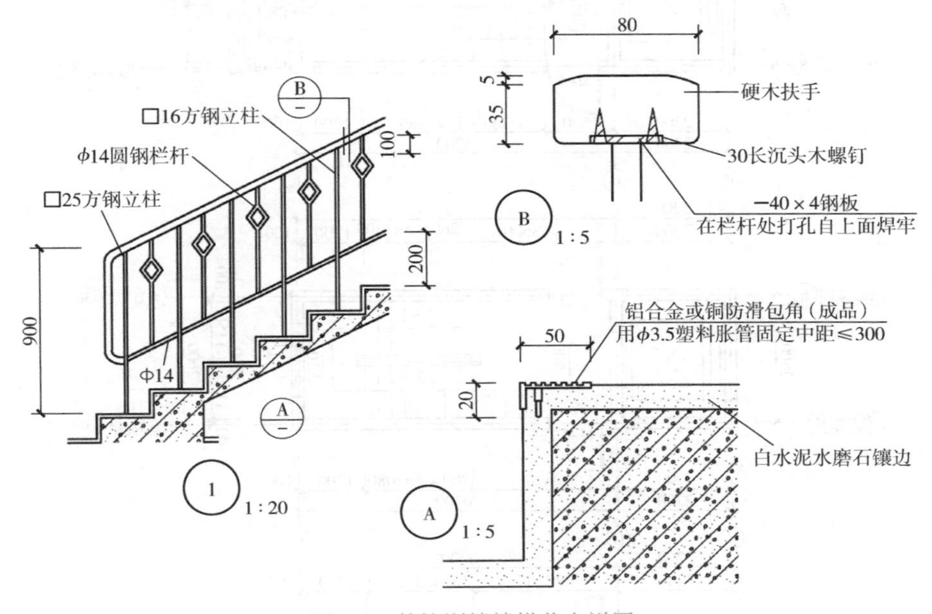

图 7-9　某培训楼楼梯节点详图

1）从图中可以知道栏杆的构成材料，其中立柱材料有两种，端部为 25mm×25mm 的方钢，中间立柱为 16mm×16mm 的方钢，栏杆由直径 14mm 的圆钢制成。

2）扶手部位有详图Ⓑ，台阶部位有详图Ⓐ，这两个详图均与详图①在同一图样上。详图Ⓐ主要说明楼梯踏面为白水泥水磨石镶边，用成品铝合金或铜防滑包角，包角尺寸已给出，包角用直径 3. 5mm 的塑料胀管固定，两根胀管间距不大于 300mm。

3）详图Ⓑ主要说明栏杆扶手的材料为硬木，扶手的尺寸，以及扶手和栏杆连接的方法，栏杆顶部设 40mm×4mm 的通长扁钢，扁钢在栏杆处打孔自上面焊牢。

4）扶手和栏杆连接方式为用 30mm 长沉头木螺钉固定。

7. 某企业楼梯详图识读

某企业楼梯详图，如图 7-10 所示。

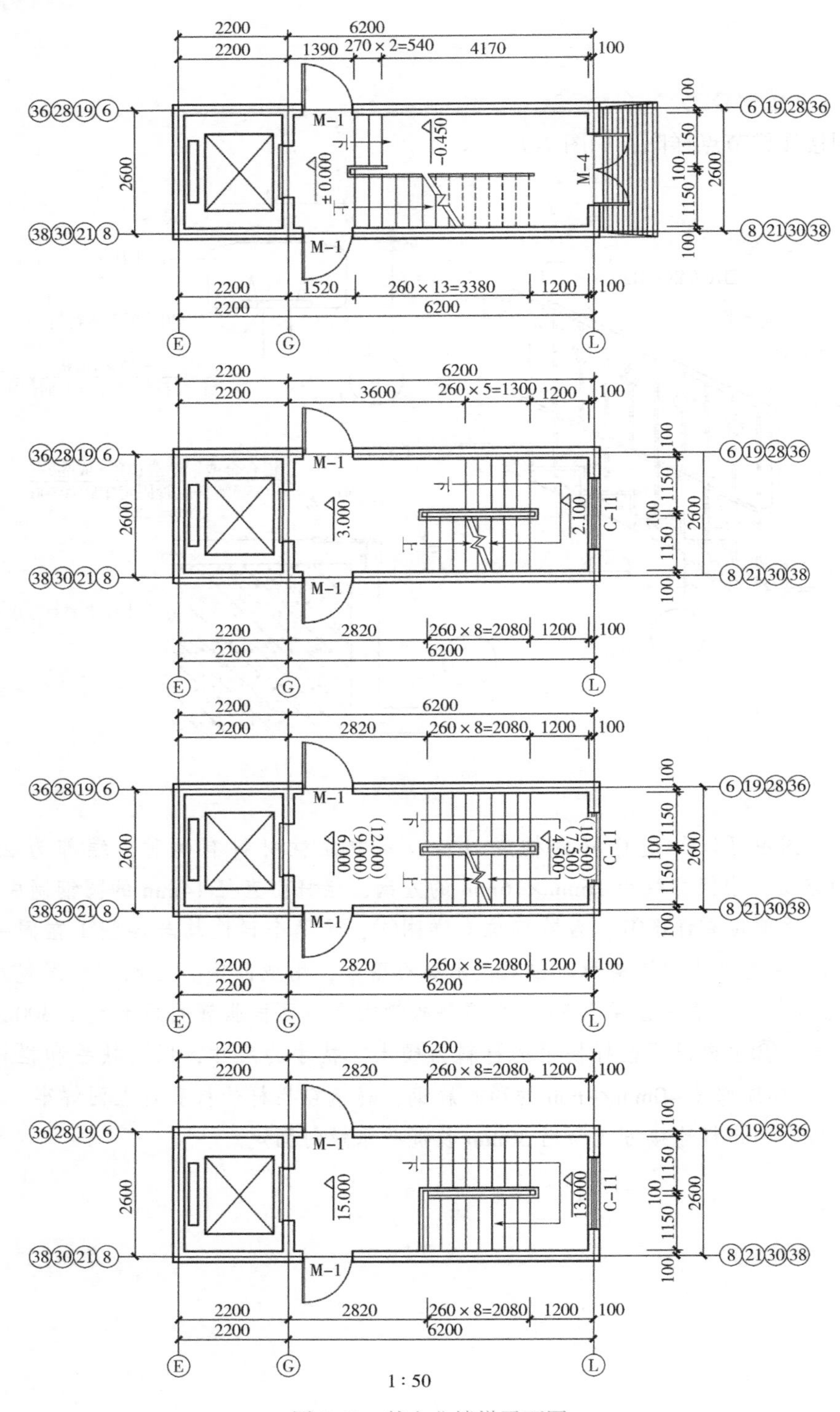

图 7-10　某企业楼梯平面图

1）此楼梯位于横向⑥~⑧（⑲~㉑、㉘~㉚、㊱~㊳）轴线、纵向Ⓔ~Ⓛ轴线之间。

2）该楼梯间平面为矩形与矩形的组合，上部分为楼梯间，下部分为电梯间。楼梯间的开间尺寸为2600mm，进深为6200mm，电梯间的开间尺寸为2600mm，进深为2200mm；楼梯的踏步宽为260mm，踏步数一层为14级，二层以上均为9级+9级=18级。

3）由各层平面图上的指示线，可看出楼梯的走向，第一个梯段最后一级踏步距Ⓛ轴1300mm。

4）各楼层平面的标高在图中均已标出。

5）中间层平面图既要画出剖切后的上行梯段（注有“上”字），又要画出该层下行的完整梯段（注有“下”字）。继续往下的另一个梯段有一部分投影可见，用45°折断线作为分界，与上行梯段组合成一个完整的梯段。各层平面图上所画的每一分格，表示一级踏面。平面图上梯段踏面投影数比梯段的步级数少1，如平面图中往下走的第一段共有14级，而在平面图中只画有13格，梯段水平投影长为260mm×13=3380mm。

6）楼梯间的墙厚度为200mm；门的编号分别为M-1、M-4；窗的编号为C-11。门窗的规格、尺寸详见门窗表。

知识扩展

板式楼梯示意图，如图7-11所示。

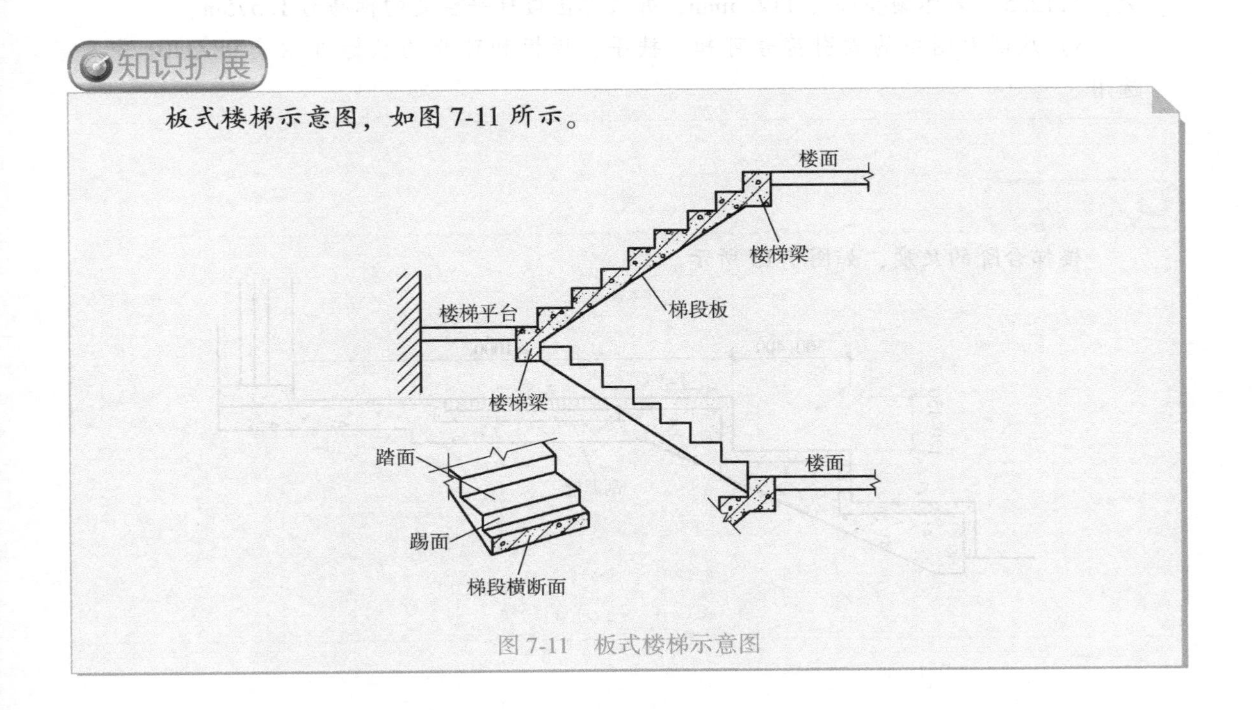

图7-11 板式楼梯示意图

8. 某企业楼梯 A—A 剖面图识读

某企业楼梯 *A—A* 剖面图，如图 7-12 所示。

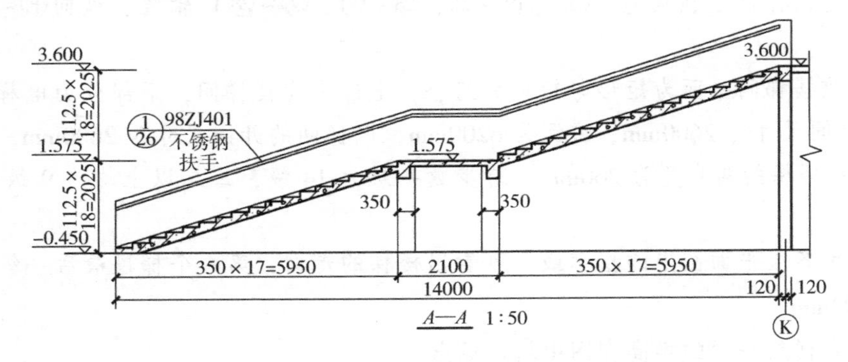

图 7-12　某企业楼梯 *A—A* 剖面图

1）该图的图名为某企业楼梯 *A—A* 剖面图，比例为 1∶50，可在楼梯底层平面图中找到相应的剖切位置和投影方向。

2）该剖面墙体轴线编号为Ⓚ，尺寸为 14000mm。

3）该楼梯为室外公共楼梯，只有一层，它是由两个梯段和一个休息平台组成的，尺寸线上的“350×17=5950”表示每个梯段的踏步宽为 350mm，由 17 级组成；踏步高为 112. 5mm；中间休息平台宽为 2100mm。

4）该剖面图的左侧注有每个梯段高“112. 5×18=2025”，其中“18”表示踏步数，“112. 5”表示踏步高为 112. 5mm，并且标出楼梯平台处的标高为 1. 575m。

5）从剖面图中的索引符号可知，扶手、栏板和踏步均从标准图集 98ZJ401 中选用。

知识扩展

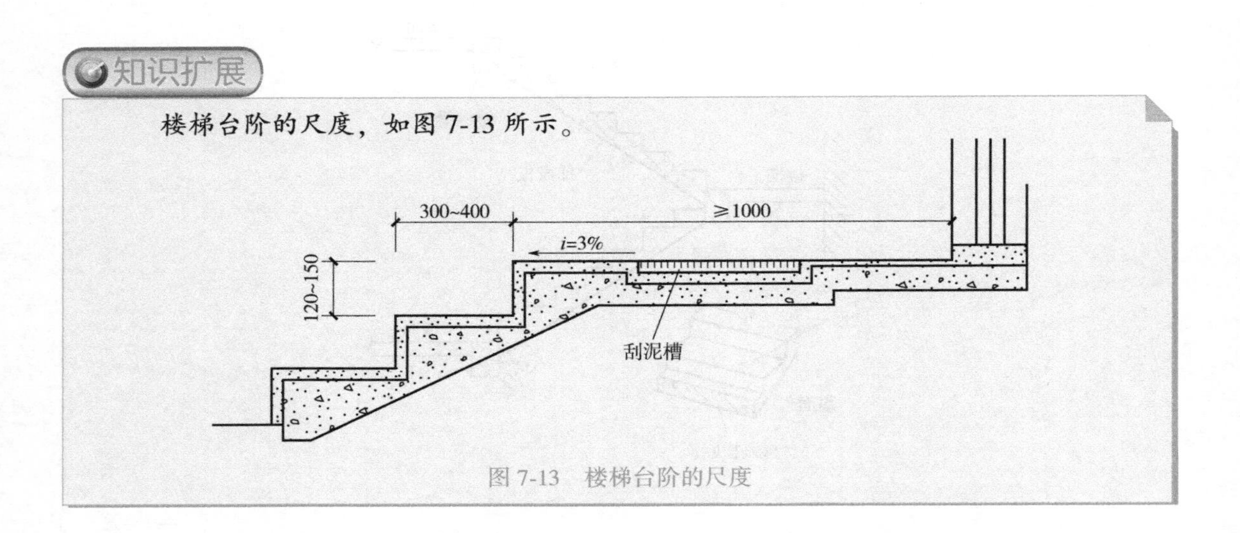

楼梯台阶的尺度，如图 7-13 所示。

图 7-13　楼梯台阶的尺度

四、建筑楼梯详图疑惑解析

1. 楼梯是由哪几部分组成的

楼梯是由楼梯段、休息平台和栏杆或栏板组成，如图 7-14 所示。

楼梯详图一般分建筑详图和结构详图，并分别绘制，分别编入建筑施工图和结构施工图中。当楼梯的构造和装修都比较简单时，也可将建筑详图与结构详图合并绘制，或编入建筑施工图中，或编入结构施工图中。

楼梯详图主要表明楼梯形式、结构类型、楼梯间各部位的尺寸及装修做法，为楼梯的施工制作提供依据。

楼梯建筑详图一般包括楼梯平面图、楼梯剖面图及栏杆或栏板、扶手、踏步大样图等图样。

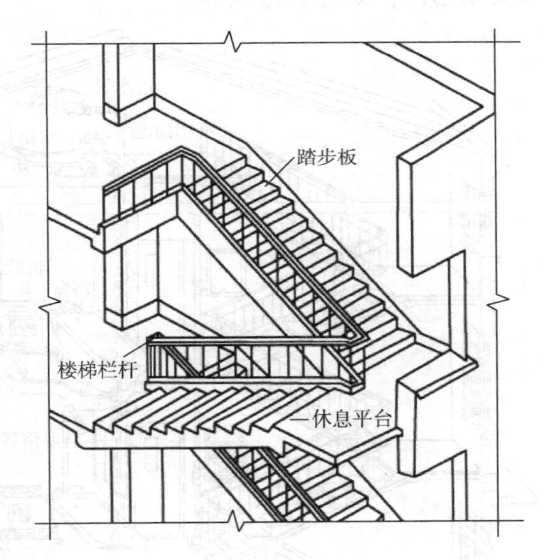

图 7-14 楼梯组成

2. 楼梯节点详图识读注意事项是什么

楼梯节点详图主要表达楼梯栏杆、踏步、扶手的做法，如果采用标准图集，则直接引注标准图集代号；如果采用的形式特殊，则用 1：10、1：5、1：2 或 1：1 的比例详细表示其形状、大小、所采用材料以及具体做法。

第二节 建筑厨卫详图的识读

一、建筑厨卫详图的内容

1）了解建筑物的卫生间、盥洗室、浴室的布置。

2）了解卫生设备配置的数量规定，卫生用房的布置要求。

3）了解卫生设备间距的规定。

知识扩展

各项卫生设备的布置示意图，如图 7-15 所示。

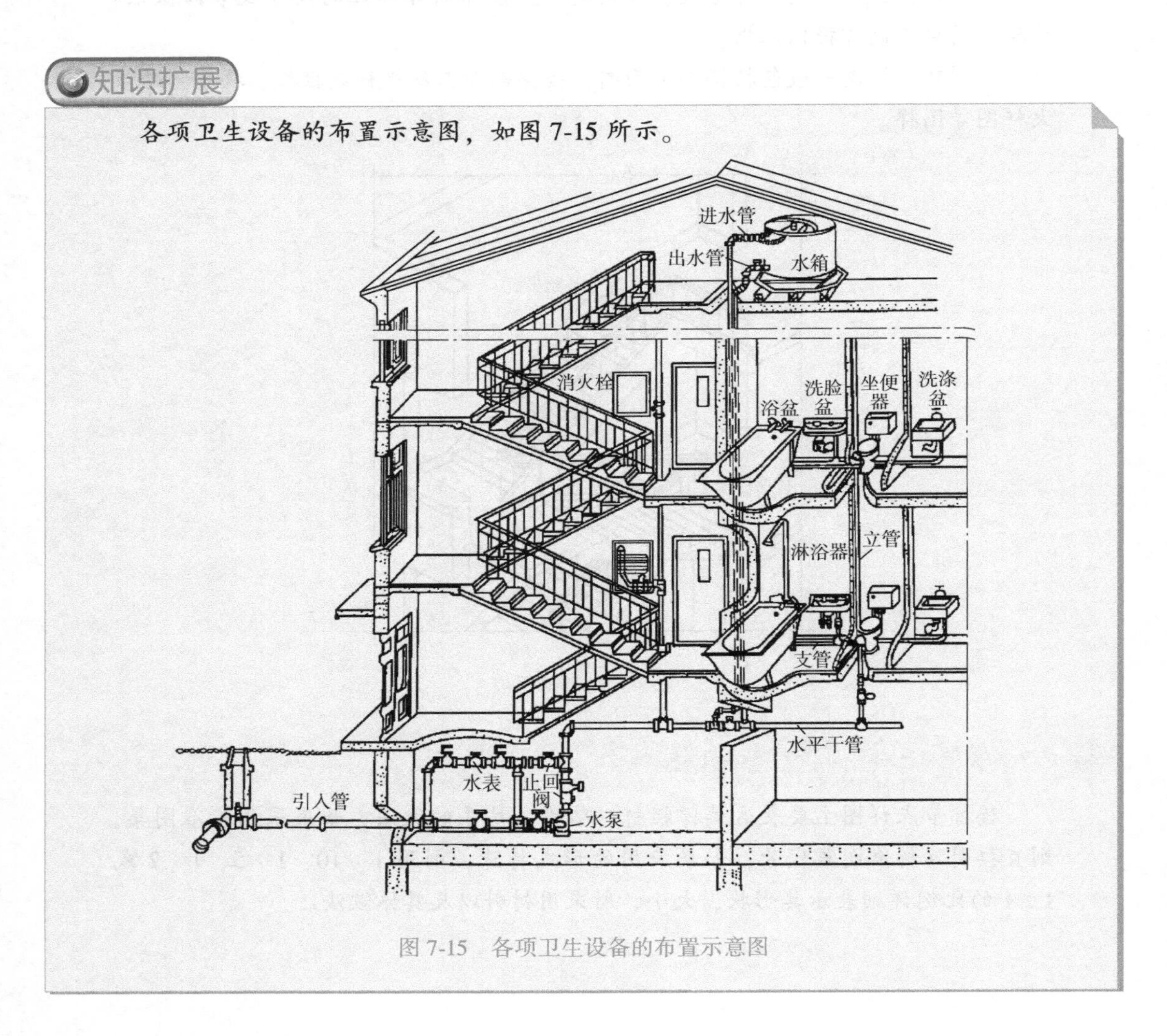

图 7-15 各项卫生设备的布置示意图

二、建筑厨卫详图的识读技巧

1）首先注意厨卫大样图的比例选用。
2）注意轴线位置及轴线间距。
3）了解各项卫生设备的布置。
4）了解标高及坡度。

知识扩展

常用的卫生设备图例见表7-3。

表7-3 常用的卫生设备图例

序号	名称	平面	立面	侧面
1	洗脸盆			
2	立式小便器			
3	坐式大便器			
4	洗涤槽			
5	地漏			
6	污水池		其他设备依设计的实际情况绘制	

三、建筑厨卫详图的实例识读

1. 某住宅小区厨卫大样图识读

某住宅小区厨卫大样图，如图 7-16 所示。

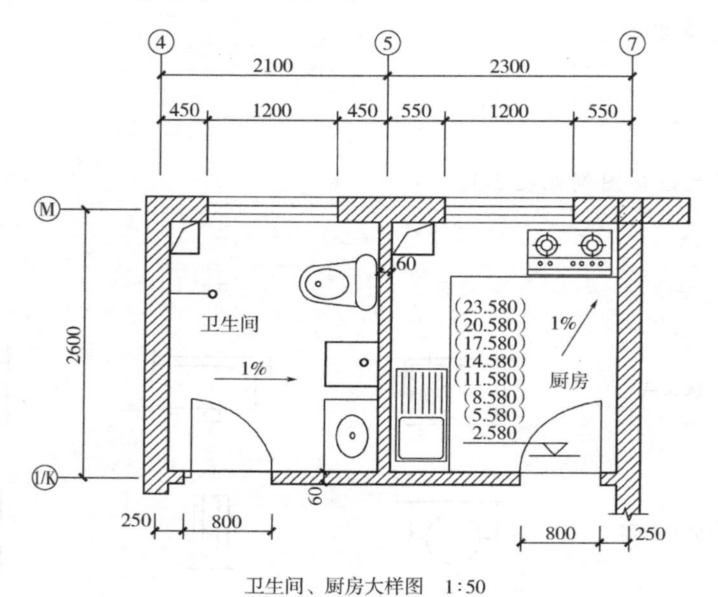

图 7-16 某住宅小区厨卫大样图

1）位于左侧的是卫生间，门宽为 800mm，距④轴线间距为 250mm，Ⓜ轴线上的窗宽为 1200mm，在④与⑤轴线间居中布置，房间内进门沿⑤轴线依次布置的有洗脸盆、拖布池、坐便器，对面沿④轴布置的有淋浴喷头，在④轴和Ⓜ轴交角的位置是卫生间排气道，可选用图集 2000YJ205 的做法。

2）位于右侧的是厨房，门宽为 800mm，距⑦轴线间距为 250mm，窗宽为 1200mm，在⑤与⑦轴线间居中布置，房间内进门沿⑤轴线布置的有洗菜池，在Ⓜ轴与⑦轴交角的位置布置煤气灶，对面在⑤轴和Ⓜ轴交角的位置是厨房排烟道，排烟道根据建筑层数及其功能也可选用图集 2000YJ205 的做法。

2. 某公寓卫生间大样图识读

某公寓卫生间大样图，如图 7-17 所示。

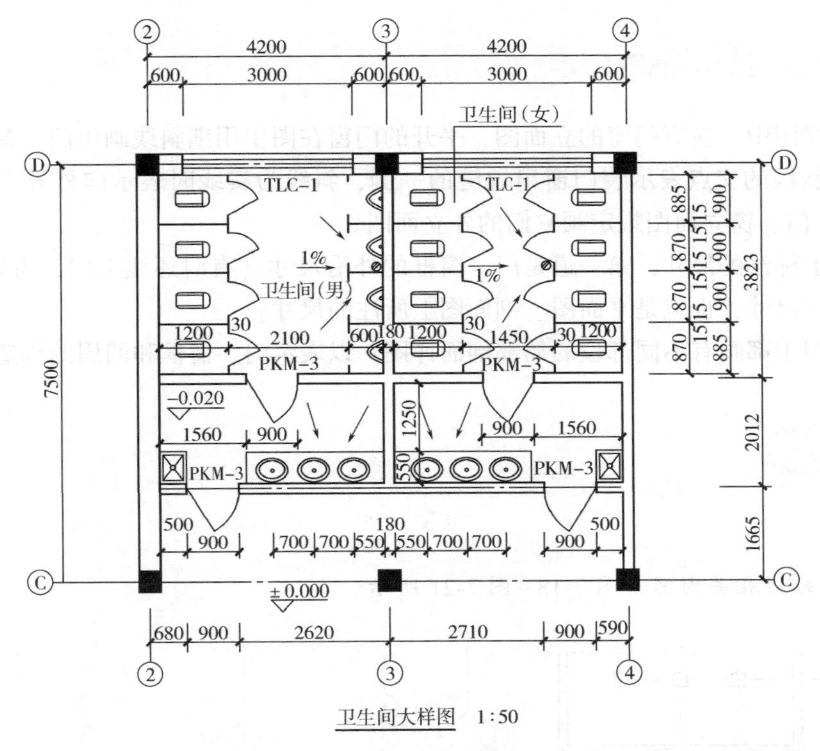

图 7-17 某公寓卫生间大样图

1）卫生间隔间的宽为 900mm，深为 1200mm，符合规范对隔间平面的尺寸要求。

2）第一个洗脸盆与侧墙净距 550mm，符合规范中第一个洗脸盆距侧墙净距不应 <0.55m 的要求。

3）洗脸盆间的间距为 700mm，符合规范有关洗脸盆间的间距不应 <0.70m 的要求。

4）卫生间前室洗脸盆外沿距对面墙 1250mm，符合规范有关洗脸盆外沿距对面墙不应 <1.25m 的要求。

5）男卫生间隔间至小便器的挡板间的距离为 2100mm，符合规范单侧厕所隔间至对面小便器外沿净距外开门时不应 <1.3m 的要求。

6）女卫生间两隔间的距离为 1450mm，符合规范不应 <1.30m 的要求。

7）卫生间地面符合规范中厕所地面标高应略低于走道标高，并应有 ≥5‰ 的坡度向地漏或水沟，卫生间地面 −0.020m 略低于 ±0.000m，有 1% 的坡度向地漏。

第三节 建筑门窗详图的识读

一、建筑门窗详图的内容

在门窗详图中，应有门窗的立面图，平开的门窗在图中用细斜线画出门、窗扇的开启方向符号（两斜线的交点表示装门窗扇铰链的一侧，斜线为实线时表示向外开，为虚线时表示向内开）。门、窗立面图规定画它们的外立面图。

立面图上标注的尺寸，第一道是门、窗框的外沿尺寸（有时还注上门、窗扇尺寸），最外一道是洞口尺寸，也就是平面图、剖面图上所注的尺寸。

门窗详图中都画有不同部位的局部剖面详图，以表示门、窗框和四周的构造关系。

知识扩展

定位轴线

定位轴线相关内容如图 7-18～图 7-21 所示。

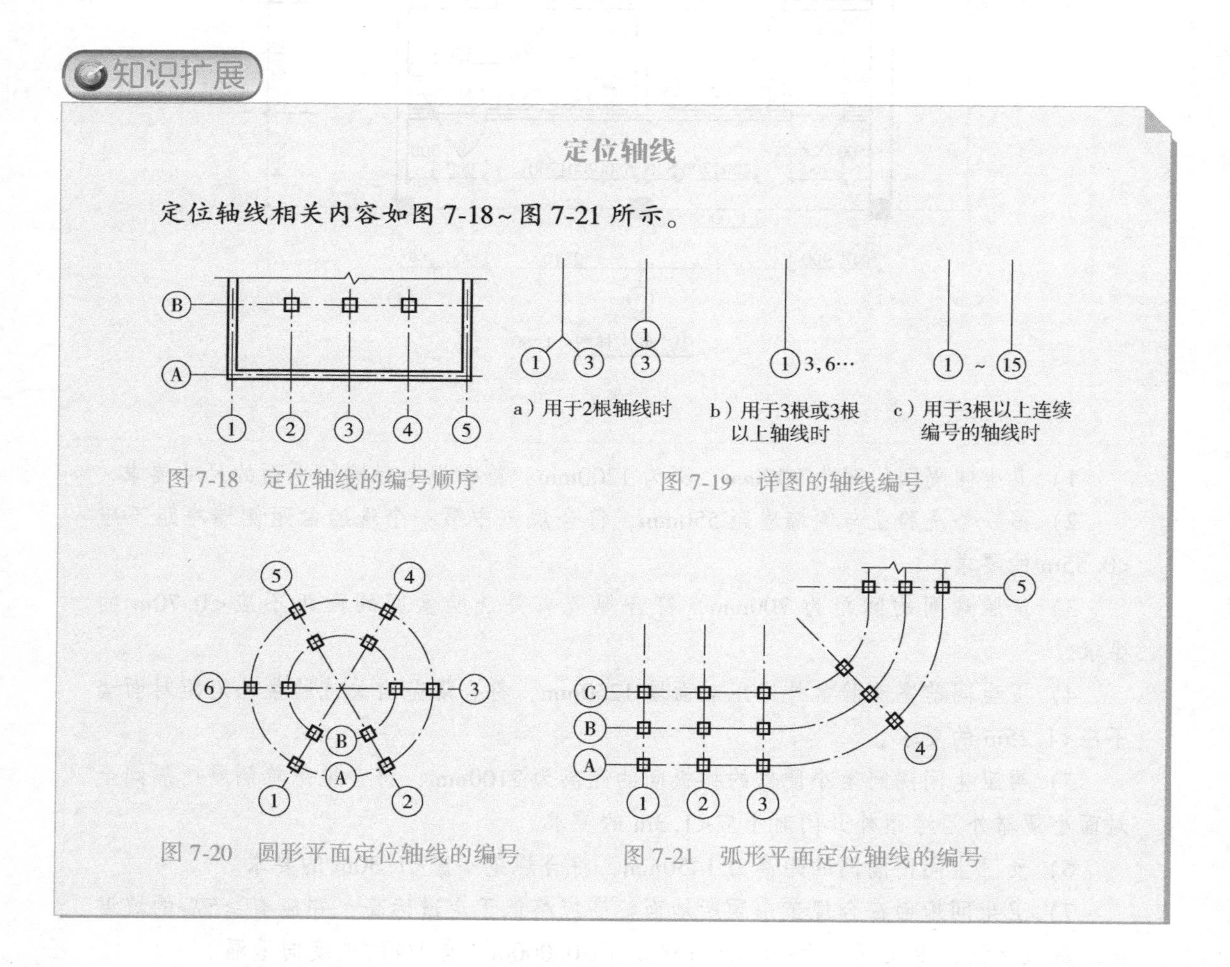

图 7-18　定位轴线的编号顺序

图 7-19　详图的轴线编号

图 7-20　圆形平面定位轴线的编号

图 7-21　弧形平面定位轴线的编号

二、建筑门窗详图的识读技巧

1）了解图名、比例。

2）通过立面图与局部断面图，了解不同部位材料的形状、尺寸和一些五金配件及其相互间的构造关系。

3）详图索引符号如$\frac{3}{4}$中的粗实线表示剖切位置，细的引出线是表示剖视方向，引出线在粗线之左，表示向左观看；同理，引出线在粗线之下，表示向下观看，一般情况，水平剖切的观看方向相当于平面图，竖直剖切的观看方向相当于左侧面图。

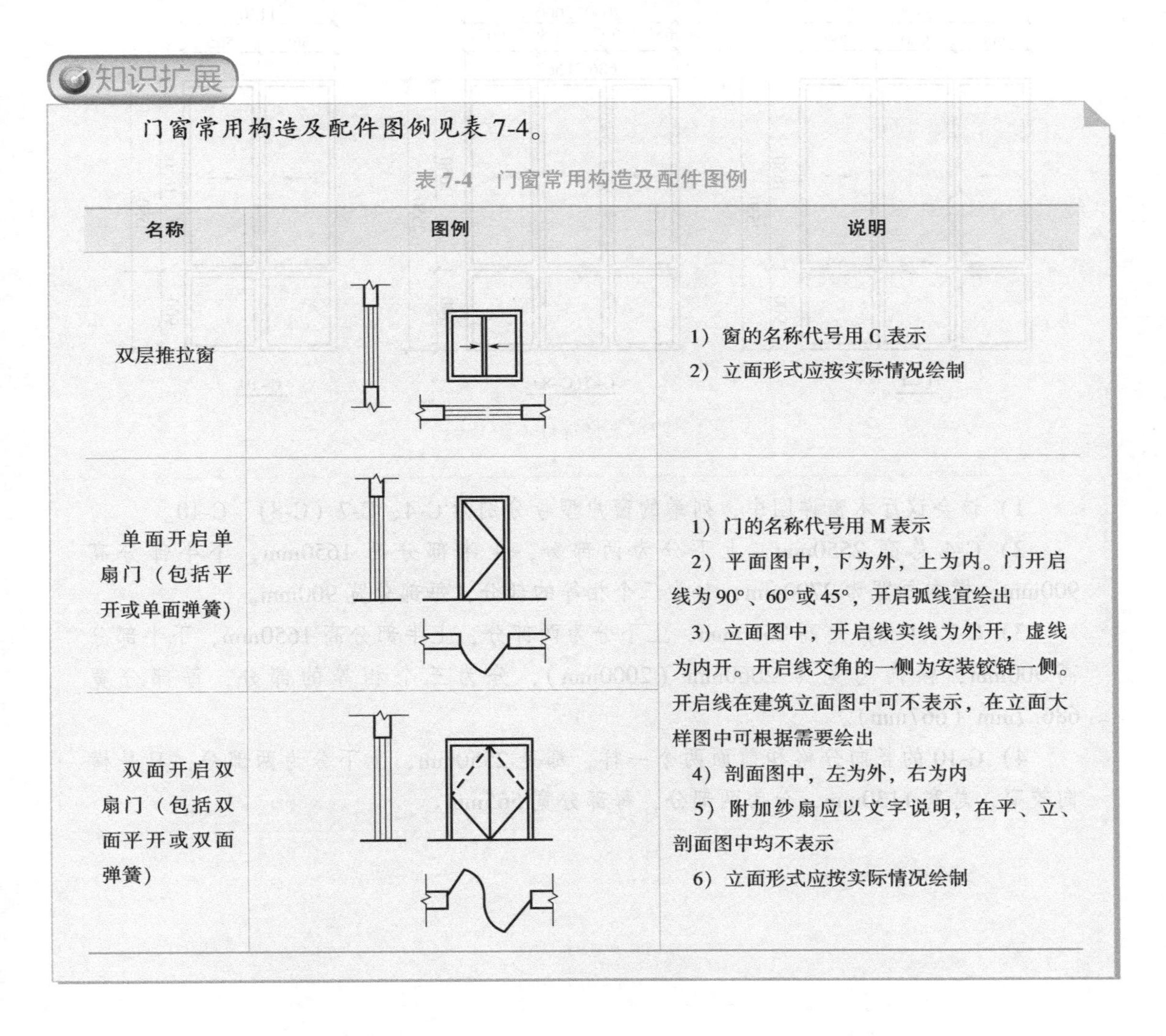

知识扩展

门窗常用构造及配件图例见表 7-4。

表 7-4 门窗常用构造及配件图例

名称	图例	说明
双层推拉窗		1）窗的名称代号用 C 表示 2）立面形式应按实际情况绘制
单面开启单扇门（包括平开或单面弹簧）		1）门的名称代号用 M 表示 2）平面图中，下为外，上为内。门开启线为 90°、60°或 45°，开启弧线宜绘出 3）立面图中，开启线实线为外开，虚线为内开。开启线交角的一侧为安装铰链一侧。开启线在建筑立面图中可不表示，在立面大样图中可根据需要绘出 4）剖面图中，左为外，右为内 5）附加纱扇应以文字说明，在平、立、剖面图中均不表示 6）立面形式应按实际情况绘制
双面开启双扇门（包括双面平开或双面弹簧）		

三、建筑门窗详图的实例识读

1. 某会议厅木窗详图识读

某会议厅木窗详图，如图 7-22 所示。

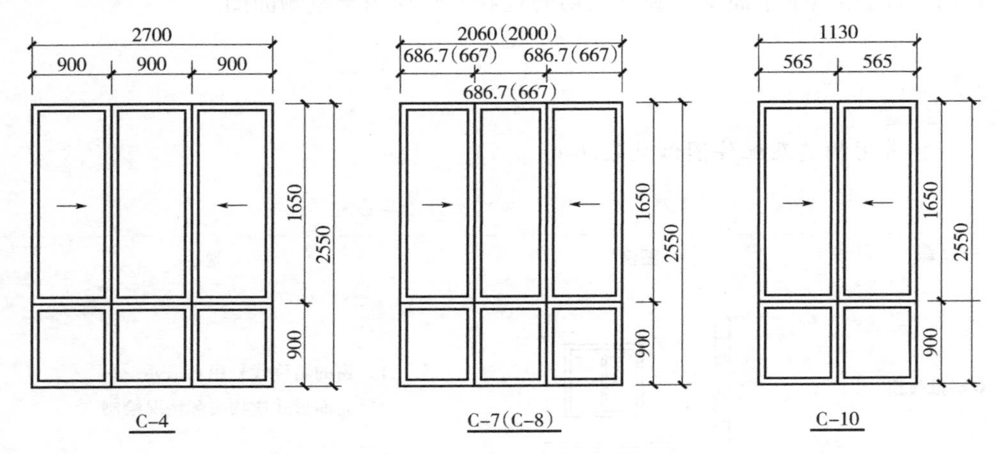

图 7-22　某会议厅木窗详图

1）该会议厅木窗详图中，列举的窗户型号分别为 C-4、C-7（C-8）、C-10。

2）C-4 总高 2550mm，上下分为两部分，上半部分高 1650mm，下半部分高 900mm，横向总宽为 2700mm，分为三个相等的部分，每部分宽 900mm。

3）C-7（C-8）总高 2550mm，上下分为两部分，上半部分高 1650mm，下半部分高 900mm，横向总宽为 2060mm（2000mm），分为三个相等的部分，每部分宽 686. 7mm（667mm）。

4）C-10 的竖向分格和前面两个一样，都是 2550mm，上下分为两部分，只是横向较窄，总宽 1130mm，分为两部分，每部分宽 565mm。

2. 某宾馆大门详图识读

某宾馆大门详图，如图 7-23 所示。

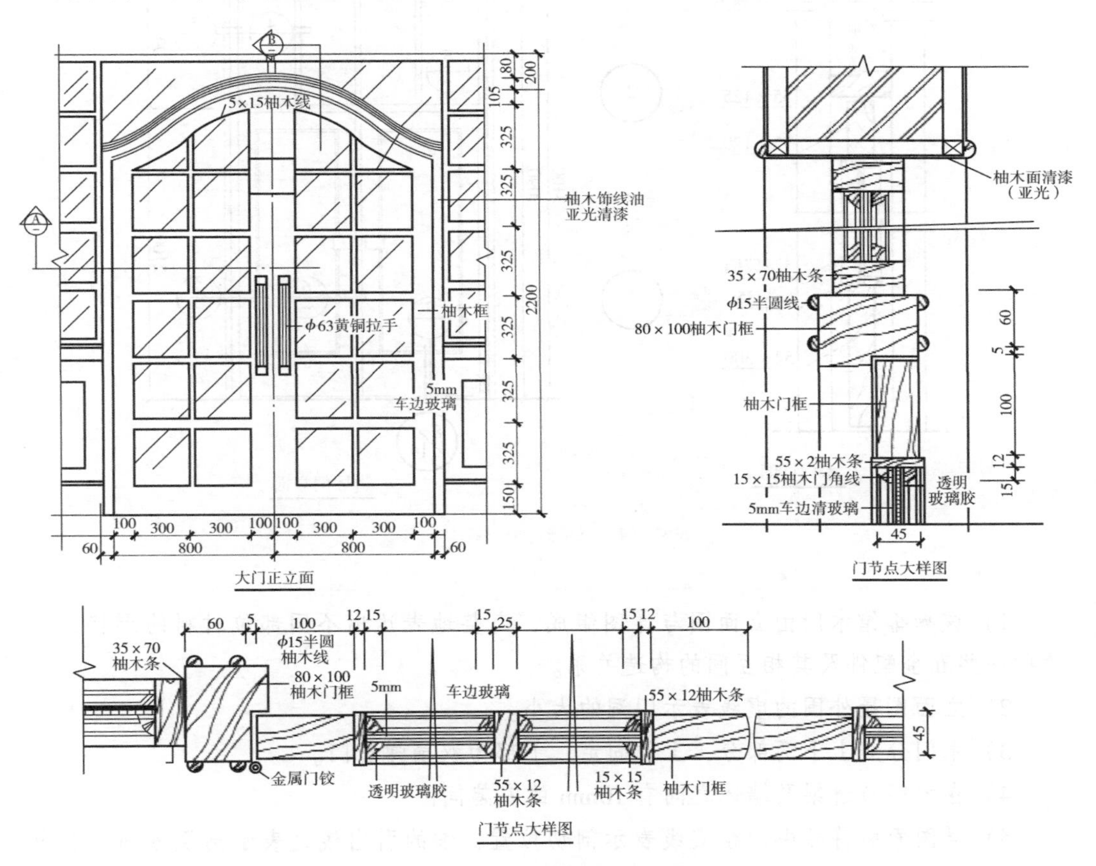

图 7-23　某宾馆大门详图

1）该宾馆大堂大门由立面图与详图组成，完整地表达出不同部位材料的形状、尺寸和一些五金配件及其相互间的构造关系。

2）该宾馆大堂大门总宽为 1720mm，总高为 2400mm。

3. 某咖啡馆木门详图识读

某咖啡馆木门详图，如图 7-24 所示。

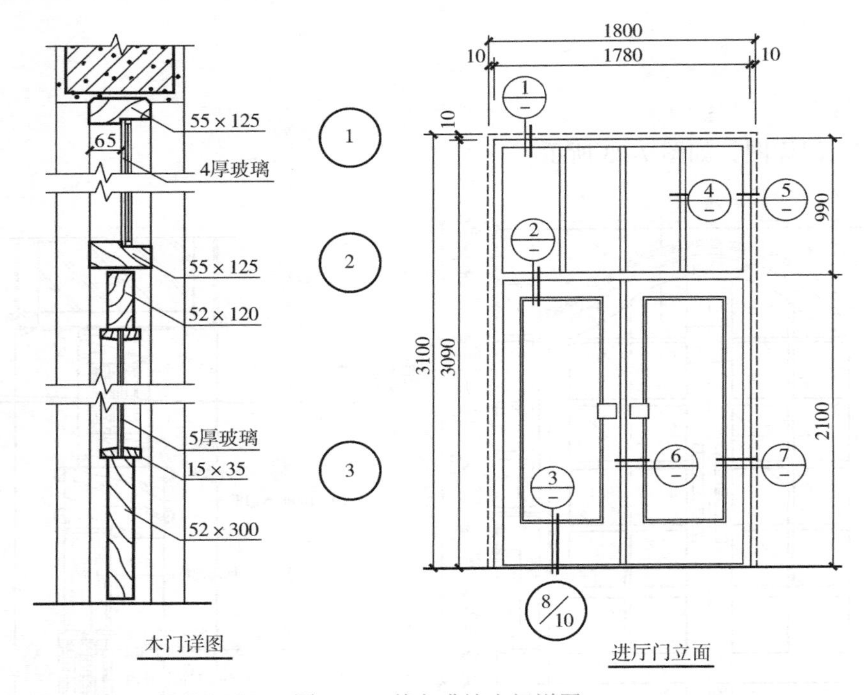

图 7-24　某咖啡馆木门详图

1）该咖啡馆木门由立面图与详图组成，完整地表达出不同部位材料的形状、尺寸和一些五金配件及其相互间的构造关系。

2）立面图最外围的虚线表示门洞的大小。

3）木门分成上下两部分，上部固定，下部为双扇弹簧门。

4）在木门与过梁及墙体之间有 10mm 的安装间隙。

5）详图索引符号中的粗实线表示剖切位置，细的引出线是表示剖视方向，引出线在粗线之左，表示向左观看，引出线在粗线之下，表示向下观看，一般情况，水平剖切的观看方向相当于平面图，竖直剖切的观看方向相当于左侧面图。

四、建筑门窗详图疑惑解析

1. 怎样对门窗进行布置

1）门的布置。两个相邻并经常开启的门，应避免开启时相互碰撞。

门开向不宜朝西或朝北，以减少冷风对室内环境的影响。住宅内门的位置和开启方向应结合家具的布置来考虑。

向外开启的平开外门，应采取防止风吹碰撞的措施。如将门退进墙洞，或设门挡风钩等固定措施，并应避免开足时与墙垛腰线等凸出物碰撞。

经常出入的外门宜设雨篷或雨罩，楼梯间外门雨篷下如设吸顶灯，应防止被门扇碰碎。门框立口宜立墙里口（内开门）、墙外口（外开门），也可立中口（墙中）以适应装修、连接的要求。

凡无间接采光通风要求的套间内门，不需设上亮子，也不需设纱扇。变形缝外不得利用门框来盖缝，门扇开启时不得跨缝。

2）窗的布置。楼梯间外窗应考虑各层圈梁走向，避免冲突。窗扇为内开扇时，开启后不得在人的高度以内凸出墙面。

窗台高度由工作面需要而定，一般不应该低于工作面（不低于900mm）。如窗台过高或上部开启时，应考虑开启方便，必要时加设开闭设施。当高度低于800mm时，需有防护措施。窗前有阳台或大平台时可以除外。

窗下需设置散热器片时，窗台板下净高、净宽需满足散热器片及阀门操作空间的需要。

多层住宅屋顶不上人处，尽量不设窗，如因采光或检修需设窗时，应有可锁闭的铁栅栏，以免儿童上屋顶发生事故，并可以减少屋面损坏。

2. 门窗可分为哪几类，它们的构造是什么

1）门的组成结构名称，如图7-25所示。

2）窗的组成结构名称，如图7-26所示。

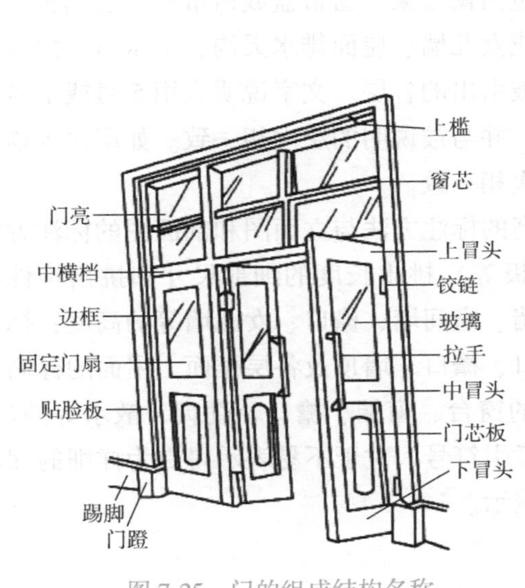

图7-25　门的组成结构名称

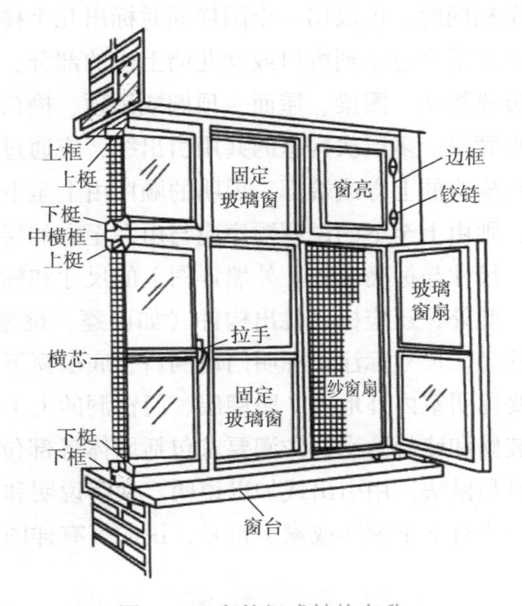

图7-26　窗的组成结构名称

第四节 建筑窗身详图的识读

一、建筑窗身详图的内容

外墙详图是建筑详图的一种，通常采用的比例为1：20。编制图名时，表示的是哪部分的详图，就命名为××详图。外墙详图的标识与基本图的标识相一致。外墙详图要与平面图中的剖切符号或立面图上的索引符号所在位置、剖切方向以及轴线相一致。标明外墙的厚度及其与轴线的关系。轴线是在墙体正中间布置还是偏心布置，以及墙体在某些位置的凸凹变化，都应该在详图中标注清楚，包括墙的轴线编号、墙的厚度及其与轴线的关系、所剖切墙身的轴线编号等。

按“国家标准”规定，如果一个外墙详图适用于几个轴线时，应同时注明各有关轴线的编号。通用轴线的定位轴线应只画圆圈，不注写编号。轴线端部圆圈的直径在详图中为10mm。标明室内外地面处的节点构造。该节点包括基础墙厚度、室内外地面标高以及室内地面、踢脚或墙裙，室外勒脚、散水或明沟、台阶或坡道，墙身防潮层及首层内外窗台的做法等。标明楼层处的节点构造，各层楼板等构件的位置及其与墙身的关系，楼板进墙、靠墙及其支承等情况。楼层处的节点构造是指从下一层门或窗过梁到本层窗台的部分，包括门窗过梁、雨篷、遮阳板、楼板及楼面标高，圈梁、阳台板及阳台栏杆或栏板、楼面、室内踢脚或墙裙、楼层内外窗台、窗帘盒或窗帘杆，顶棚或吊顶、内外墙面做法等。当几个楼层节点完全相同时，可以用一个图样同时标出几个楼面标高来表示。表明屋顶檐口处的节点构造是指从顶层窗过梁到檐口或女儿墙上皮的部分，包括窗过梁、窗帘盒或窗帘杆、遮阳板、顶层楼板或屋架、圈梁、屋面、顶棚或吊顶、檐口或女儿墙、屋面排水天沟、下水口、雨水斗和雨水管等。多层次构造的共用引出线，应通过被引出的各层。文字说明宜用5号或7号字注写在横线的上方或端部，说明的顺序由上至下，并与被说明的层次相一致。如层次为横向排列，则由上至下的说明顺序应与由左至右的层次相一致。

尺寸与标高标注。外墙详图上的尺寸和标高的标注方法与立面图和剖面图的标注方法相同。此外，还应标注挑出构件（如雨篷、挑檐板等）挑出长度的细部尺寸和挑出构件的下皮标高。尺寸标注要标明门窗洞口、底层窗下墙、窗间墙、檐口、女儿墙等的高度；标高标注要标明室内外地坪、防潮层、门窗洞的上下口、檐口、墙顶及各层楼面、屋面的标高。立面装修和墙身防水、防潮要求包括墙体各部位的窗台、窗楣、檐口、勒脚、散水等的尺寸、材料和做法，用引出线加以说明。文字说明和索引符号。对于不易表示得更为详细的细部做法，注有文字说明或索引符号，说明另有详图表示。

二、建筑墙身详图的识读技巧

墙身详图是放大的墙身剖面图，从墙身详图上可以看出墙身由防潮层到顶层的构造、材料、施工要求及和墙身有关部分的连接关系。某墙身剖面轴测图如图 7-27 所示，其详图如图 7-28 所示。

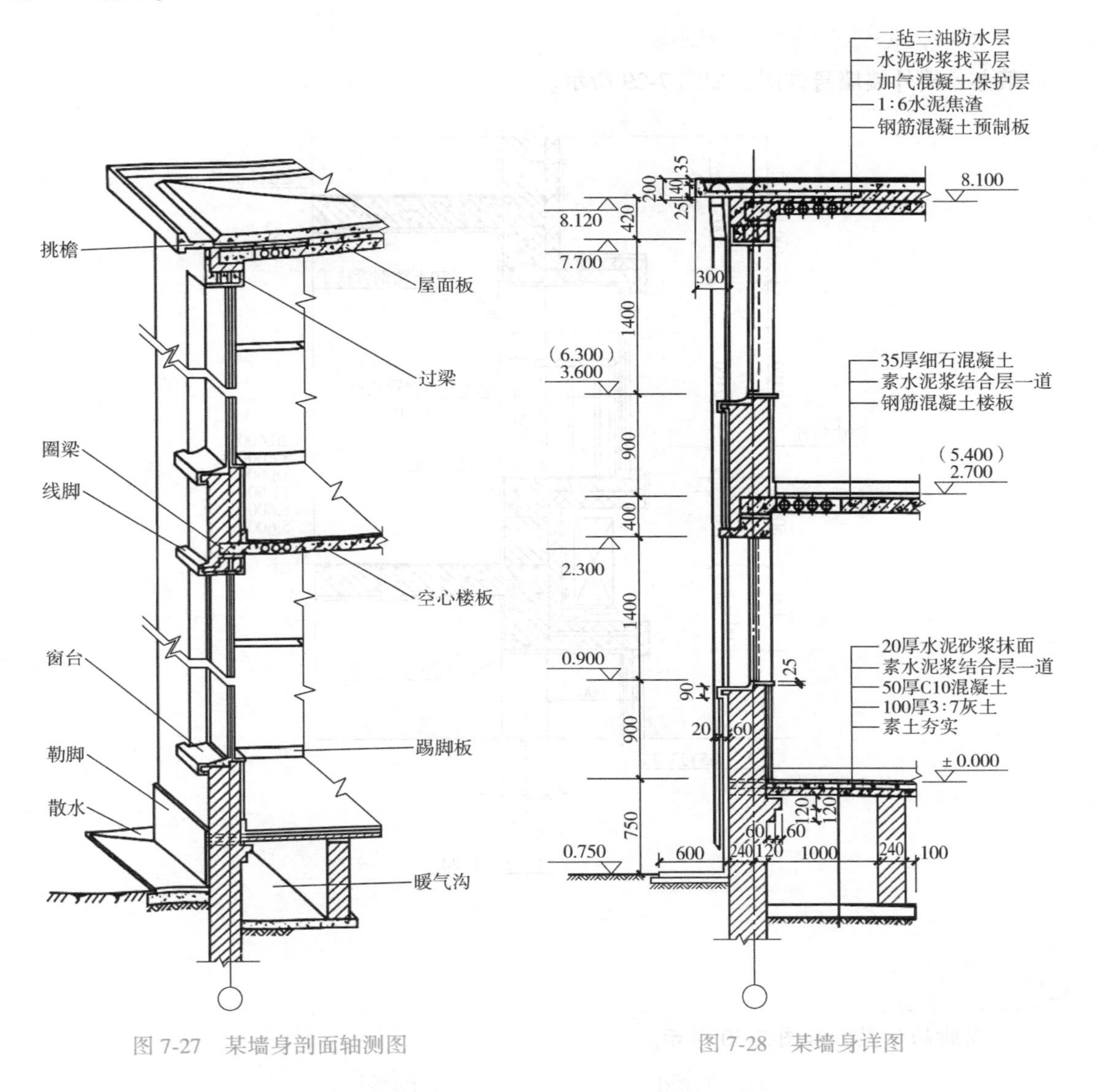

图 7-27 某墙身剖面轴测图　　图 7-28 某墙身详图

1）了解图名、比例。

2）了解墙体的厚度及其所属的定位轴线。

3）了解屋面、楼面、地面的构造层次和做法。

4）了解各部位的标高、高度方向的尺寸和墙身的细部尺寸。

5）了解各层梁（过梁或圈梁）、板、窗台的位置及其与墙身的关系。

6）了解檐口、墙身防水、防潮层处的构造做法。

三、建筑墙身详图的实例识读

1. 某办公楼外墙墙身详图识读

某办公楼外墙墙身详图，如图 7-29 所示。

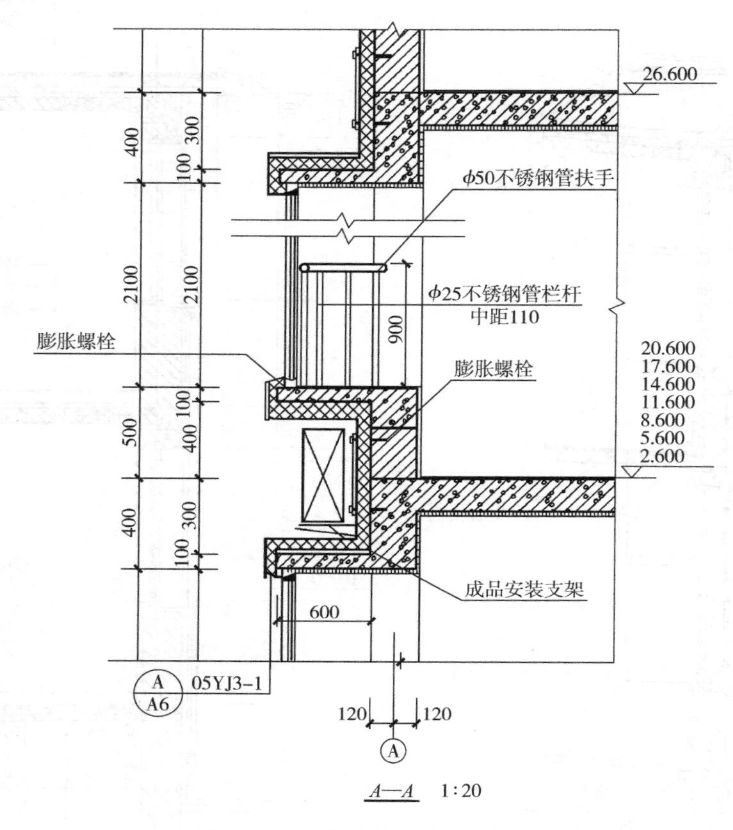

图 7-29 某办公楼外墙墙身详图

知识扩展

勒脚的位置，如图 7-30 所示。

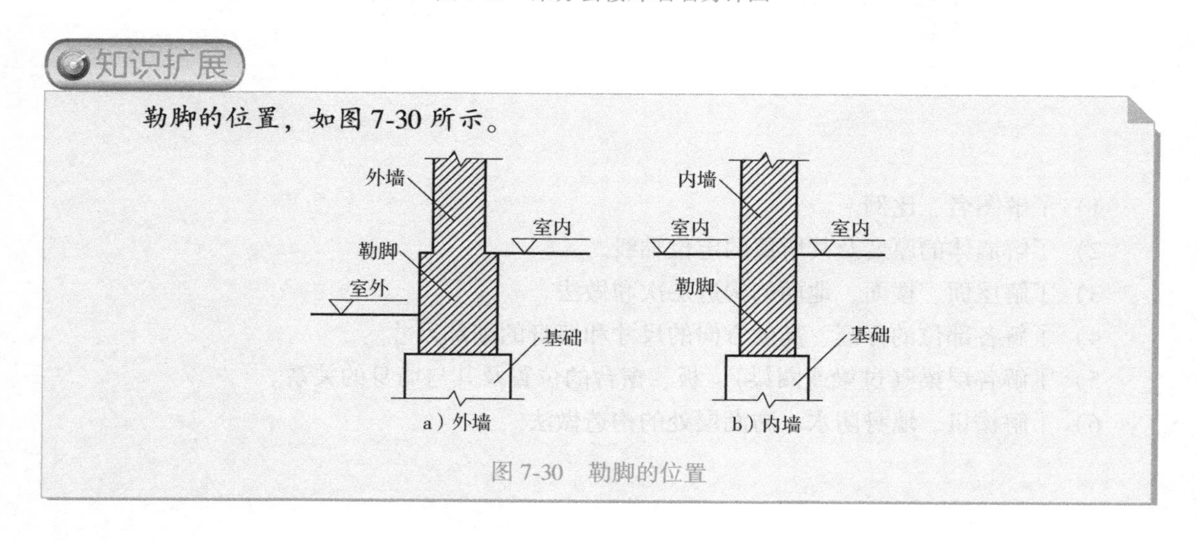

图 7-30 勒脚的位置

1）该图为某办公楼外墙墙身详图，比例为 1∶20。

2）该办公楼外墙墙身详图适用于Ⓐ轴线上的墙身剖面，砖墙的厚度为 240mm，居中布置（以定位轴线为中心，其外侧为 120mm，内侧也为 120mm）。

3）楼面、屋面均为现浇钢筋混凝土楼板构造。各构造层次的厚度、材料及做法，详见构造引出线上的文字说明。

4）墙身详图应标注室内外地面、各层楼面、屋面、窗台、圈梁或过梁以及檐口等处的标高。同时，还应标注窗台、檐口等部位的高度尺寸和细部尺寸。在详图中，应画出抹灰和装饰构造线，并画出相应的材料图例。

5）由墙身详图可知，窗过梁为现浇的钢筋混凝土梁，门过梁由圈梁（沿房屋四周的外墙水平设置的连续封闭的钢筋混凝土梁）代替，楼板为现浇板，窗框位置在定位轴线处。

6）从墙身详图中檐口处的索引符号，可以查出檐口的细部构造做法，把握好墙角防潮层处的做法、材料和女儿墙上防水卷材与墙身交接处泛水的做法。

知识扩展

勒脚的构造，如图 7-31 所示。

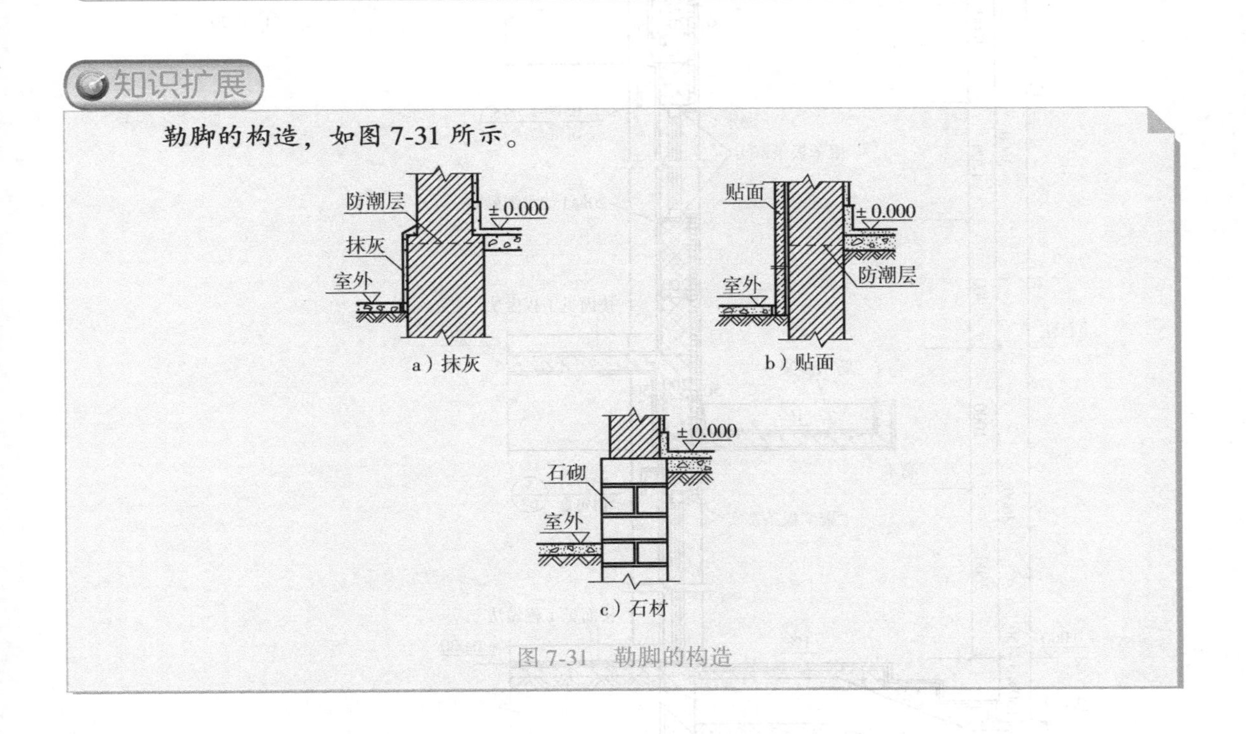

图 7-31　勒脚的构造

2. 某住宅小区外墙墙身详图识读

某住宅小区外墙墙身详图，如图 7-32 所示。

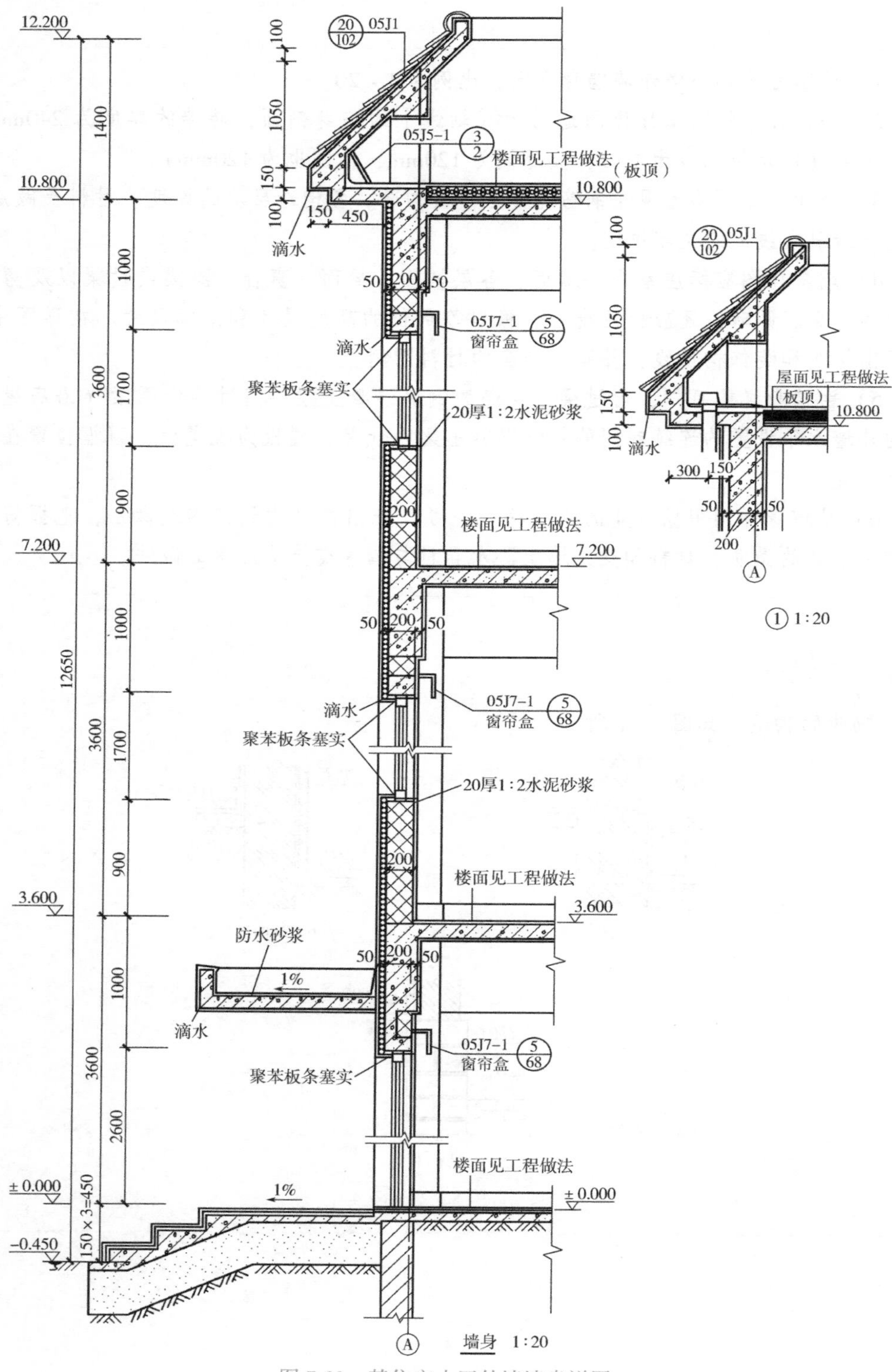

图 7-32　某住宅小区外墙墙身详图

1）该图为某住宅小区外墙墙身的详图，比例为1∶20。

2）图中表示出正门处台阶的形式，台阶下部的处理方法，台阶顶面向外侧设置了1%的排水坡，防止雨水进入大厅。

3）正门顶部有雨篷，雨篷的排水坡为1%，雨篷上用防水砂浆抹面。

4）正门门顶部位用聚苯板条塞实。

5）一层楼面为现浇混凝土结构，做法见工程做法。

6）从图中可知该楼房二、三层楼面也为现浇混凝土结构，楼面做法见工程做法。

7）外墙面最外层设置隔热层，窗台下外墙部分为加气混凝土墙，此部分墙厚200mm，窗台顶部设置矩形窗过梁，楼面下设250mm厚混凝土梁，窗过梁上面至混凝土梁之间用加气混凝土墙，外墙内面用1∶2水泥砂浆做20mm厚的抹面。

8）窗框和窗扇的形状和尺寸需另用详图表示，窗顶窗底施工时均用聚苯板条塞实，窗顶设有滴水，室内窗帘盒做法需查找通用图05J7−1第68页5详图。

9）雨水管的位置和数量可从立面图或平面图中查到。

知识扩展

墙体构造与名称，如图7-33所示。

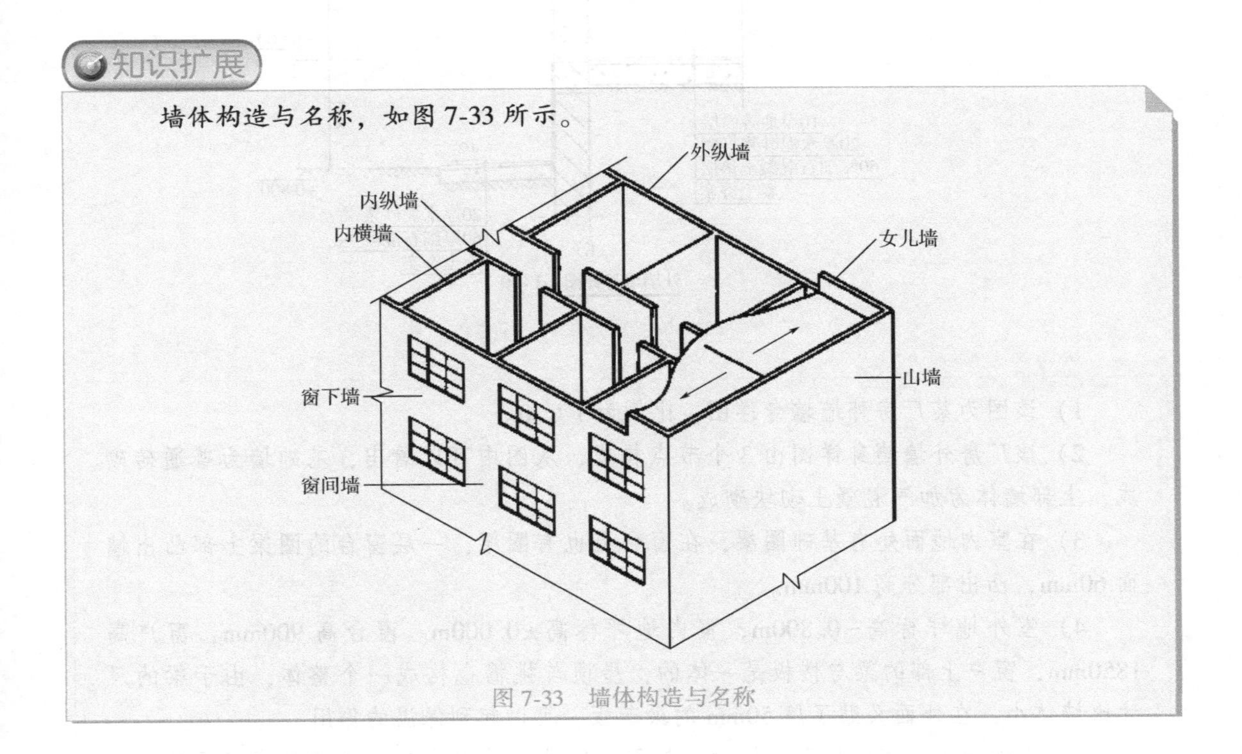

图7-33 墙体构造与名称

3. 某厂房外墙墙身详图识读

某厂房外墙墙身详图，如图 7-34 所示。

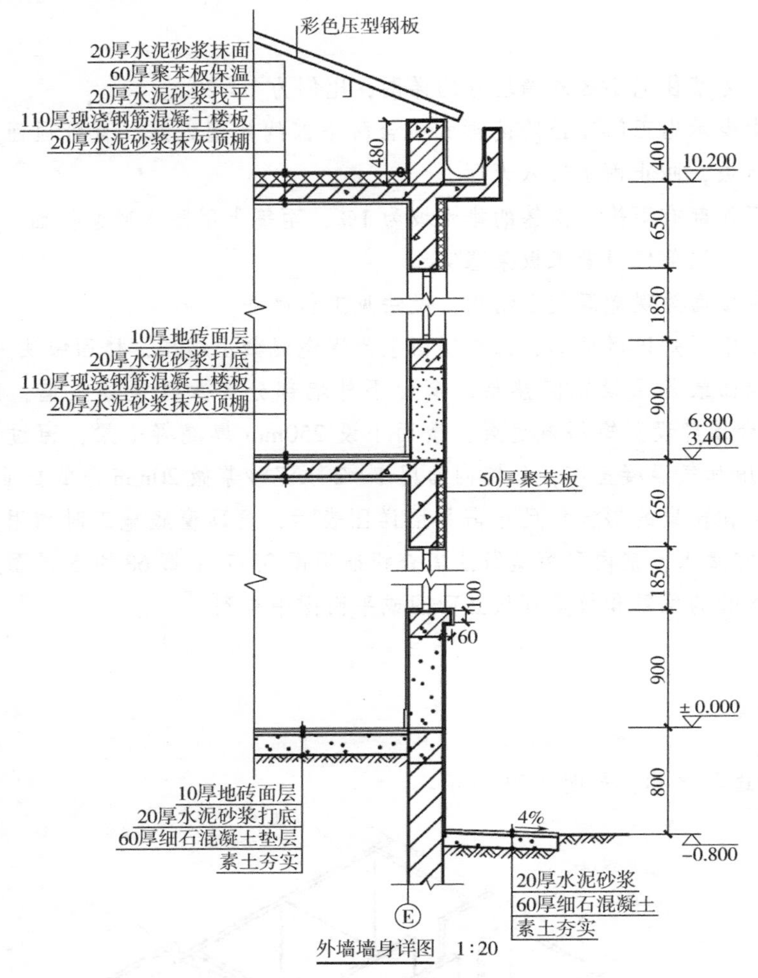

图 7-34 某厂房外墙墙身详图

1）该图为某厂房外墙墙身详图，比例为 1∶20。

2）该厂房外墙墙身详图由 3 个节点构成，从图中可以看出，基础墙为普通砖砌成，上部墙体为加气混凝土砌块砌成。

3）在室内地面处有基础圈梁，在窗台上也有圈梁，一层窗台的圈梁上部凸出墙面 60mm，凸出部分高 100mm。

4）室外地坪标高−0.800m，室内地坪标高±0.000m。窗台高 900mm，窗户高 1850mm，窗户上部的梁与楼板是一体的，屋顶与挑檐也构成一个整体，由于梁的尺寸比墙体小，在外面又贴了厚 50mm 的聚苯板，可以起到保温的作用。

5）室外散水、室内地面、楼面、屋面的做法是采用分层标注的形式表示的，当构件有多个层次构造时就采用此法表示。

四、建筑墙身详图疑惑解析

1. 什么是外墙详图，它的作用是什么

外墙详图也称外墙大样图，是建筑剖面图上外墙墙体的放大图样，表达外墙与地面、楼面、屋面的构造连接情况以及檐口、门窗顶、窗台、勒脚、防潮层、散水、明沟的尺寸、材料、做法等构造情况，它是砌墙、室内外装修、门窗安装、编制施工预算以及材料估算等的重要依据。

在多层房屋中，各层构造情况基本相同，可只画墙脚、檐口和中间部分三个节点。门窗一般采用标准图集，为了简化作图，通常采用省略画法，即门窗在洞口处断开。

2. 外墙详图的内容是什么

1）墙与轴线的关系。表明外墙厚度、外墙与轴线的关系，在墙厚或墙与轴关系有变化处，都要分别标注清楚。

2）室内、室外地面处的节点。表明基础墙厚度，室外地坪的位置，明沟、散水、台阶或坡道的做法，墙身防潮层的做法，首层地面与暖气槽、罩和暖气管件的做法，勒脚、踢脚板或墙裙的做法，以及首层室内外窗台的做法等。

3）楼层处的节点。包括从下层窗过梁至本层窗台范围里的全部内容。常包括门窗过梁，雨篷或遮阳板，楼板，圈梁，阳台板和阳台栏板或栏杆，楼面，踢脚板或墙裙，楼层内外窗台，窗帘盒或窗帘杆，顶棚与内、外墙面做法等。当若干层节点相同时，可用一个图样表示，但应标注出若干层的楼面标高。

4）各处尺寸与标高的标注。原则上应与立面、剖面图一致并注法相同外，应加注挑出构件的挑出长度的尺寸、挑出构件结构下皮的标高。尺寸与标高的标注总原则通常是．除层高线的标高为建筑面以外（平屋顶顶层层高线常以顶板上皮为准），都宜标注结构面的尺寸标高。

5）屋顶檐口处的节点。表明自顶层窗过梁到檐口、女儿墙上皮范围里的全部内容。常包括门窗过梁、雨篷或遮阳板、顶层屋顶板或屋架、圈梁、屋面及室内顶棚或吊顶、檐口或女儿墙、屋面排水的天沟、下水口、雨水斗和雨水管，以及窗帘盒或窗帘杆等。

6）应表达清楚室内、外装修各构造部位的详细做法。某些部位图面比例小不易表达更详细的细部做法时，应标注文字说明或详图索引。

参考文献

[1] 冯红卫. 建筑施工图识读技巧与要诀 [M]. 北京：化学工业出版社，2011.
[2] 王海平，呼丽丽. 建筑施工图识读 [M]. 武汉：武汉工业大学出版社，2014.
[3] 陈彬. 建筑施工图设计正误案例对比 [M]. 武汉：华中科技大学出版社，2017.
[4] 万东颖. 建筑施工图识读 [M]. 北京：中国建筑工业出版社，2011.
[5] 付亚东. 一套图学会识读建筑施工图 [M]. 武汉：华中科技大学出版社，2015.
[6] 朱莉宏，王立红. 施工图识读与会审 [M]. 2版. 北京：清华大学出版社，2016.
[7] 筑·匠. 土建工长识图十日通 [M]. 北京：化学工业出版社，2016.